博士论丛

省域科技资源配置效率评价研究

Research on the Allocation Efficiency Evaluations of the Provincial Scientific Resources

周 伟 著

中国科学技术大学出版社

内 容 简 介

本书从配置效率的角度探讨了科技资源配置效率的内涵、评价内容、评价指标体系构建原则、权变因子以及评价指标权重等方面，构建了符合省域科技发展规律和经济转型升级的科技资源配置效率评价指标体系。在对传统科技资源配置效率评价DEA方法的缺陷进行分析的基础上，构建了省域科技资源配置效率三阶段DEA评价模型，再结合模糊综合评价模型，对中部六省科技资源的配置效率进行实证研究；并利用结构方程模型的思路构建省域科技资源配置效率影响因素的概念模型，对中部六省科技资源配置效率影响因素进行实证分析，提出了相应的省域科技资源配置效率提升的策略。

图书在版编目(CIP)数据

省域科技资源配置效率评价研究/周伟著. —合肥：中国科学技术大学出版社，2014.2

ISBN 978-7-312-03339-1

Ⅰ. 省…　Ⅱ. 周…　Ⅲ. 科学技术—资源配置—效率—评价—研究—中国　Ⅳ. G322

中国版本图书馆CIP数据核字(2014)第005320号

出版　中国科学技术大学出版社
地址：安徽省合肥市金寨路96号，230026
网址：http://press.ustc.edu.cn

印刷　安徽省瑞隆印务有限公司

发行　中国科学技术大学出版社

经销　全国新华书店

开本　710 mm×1000 mm　1/16

印张　11.5

字数　226千

版次　2014年2月第1版

印次　2014年2月第1次印刷

定价　28.00元

前　言

进入21世纪以来，知识经济在经济发展中扮演着越来越重要的角色，知识日益显现出其推动、支撑经济社会可持续发展的巨大作用。作为知识的核心内容和主要载体，科技资源已成为决定经济社会发展的重要的战略性资源，在一定程度上改变了自然、资本和劳动力等传统要素对经济发展的作用，逐步成为拉动经济增长的核心动力，成为区域发展的重要驱动力。科技资源的拥有量及其配置和利用的优化程度，对一个国家和地区的科技创新活动、国民经济发展、民生改善等产生广泛而深远的影响。因此，不断加大对科技资源的投入，已成为世界各国共同的战略性选择。

本书试图从配置效率的角度研究省域科技资源的配置状况，旨在通过对科技资源配置效率的内涵、评价内容、评价指标体系构建原则、权变因子以及评价指标权重等方面的探讨，构建符合省域科技发展规律和经济转型升级的科技资源配置效率评价指标体系；通过对传统科技资源配置效率评价DEA方法的缺陷进行分析，构建省域科技资源配置效率三阶段DEA评价模型，再结合模糊综合评价模型，对中部六省科技资源的配置效率进行实证研究；利用结构方程模型的思路构建省域科技资源配置效率影响因素的概念模型，对中部六省科技资源配置效率影响因素进行实证分析，并提出相应的省域科技资源配置效率提升策略，以促进政府科技管理决策的科学化。

第一，对省域科技资源配置效率的内涵进行了重新认识，认为省域科技资源配置效率至少包含三层含义：总体效率、技术效率和规模效率。其中，省域科技资源配置的总体效率是指在省域范围内，为促进经济社会可持续发展及科技与经济社会发展的良性互动，加大了对科技人力资源、科技财力资源、科技物力资源、科技信息资源等科技资源各要素的投入力度，增强了对科技资源配置结构进行定位的有效程度，提高了将科技资源分配到特定对象和各种不同发展方向上所产生直接效益与间接效益的总和；技术效率是指在既定的科技资源投入情况下，科技资源的产出水平是否达到了最大，或者说能否用更少的科技资源投入而获得不少于现有的科技资源产出，以及用现有的科技资源投入能否获得更多的科技资源产出；规模效率是指在当前科技资源投入的基础上增加一定的科技资源投入量，科技资源产出量是否有更高比例的增加。这种认识，比以往单从投入产出之比来判断科技资源配置效率更科学，更合理，更能反映科技资源配置的实际效果。

第二，依据 BSC 分析思路，将省域科技资源配置效率评价指标体系结构设计为科技资源配置强度、科技资源配置结构、科技资源配置效果三个维度。① 科技资源配置强度。该维度源于 BSC 基本框架中的财务指标。科技资源配置强度维度是描述省域科技资源配置效果的重要标准，并在省域科技资源配置效率评价的 BSC 模型中居于重要位置。该维度能清楚地反映社会各界投入了多少科技资源，为实现某一目标而进行的行为最终消耗了多少科技资源。该维度为准确反映省域科技资源的各种产出奠定了基础。② 科技资源配置结构。该维度源于 BSC 基本框架中的流程指标和学习与成长指标。企业财务业绩的提升、顾客需求的满足，以及股东价值的追求，都需要靠其内部良好的经营和流程来支撑。如新产品开发所用的时间、新产品销售额在总销售额中所占的比例、比竞争对手率先推出新产品的比例等。与一般企业的内部管理过程不同，省域科技资源配置的内部管理主要表现在科技资源在各领域和主要环节的分配比例，即科技资源配置结构，比如重要科技项目的科技经费占总经费的比例、人均科研经费支出比例、R&D 投入占 GDP 的比例等，科技资源配置结构在科技资源管理中居于重要地位，科技资源配置结构是否合理，直接反映出科技资源配置的内部管理是否有效，其对科技资源配置具有深远而广泛的影响。③ 科技资源配置效果。该维度源于 BSC 基本框架中的顾客指标。省域科技资源配置的效果能否得到社会的认可，关键在于两方面：一是能否实现科技资源的各种产出的最大化；二是能否把科技成果及时转化为现实的生产力，把科技优势转化为经济优势。科技成果转化，是将具有创新性的科技成果从科研单位转移到生产部门，使新产品增加，工艺改进，效益提高，并最终促进社会经济的进步与发展。它是科技与经济结合的中间环节，也是省域科技资源配置取得实效的关键环节。

第三，分析了模糊综合评价模型、DEA 模型应用于省域科技资源配置效率评价的优势。认为省域科技资源配置效率具有模糊性，省域科技资源配置效率边界具有非确定性等特点，适合于基于模糊数学的综合评价方法，运用模糊综合评价模型评价省域科技资源配置效率，利用评价结果，可分别对各省域间科技资源投入、产出状况进行横向比较，分析存在差异的原因，以提出针对性的策略。认为运用 DEA 模型评价省域科技资源配置效率具有较强的客观性和可操作性，能对有多项评价指标的投入或产出进行综合系统测量；运用DEA模型可以分析出各评价对象的相对规模收益情况，为省域科技资源配置效率的提升提供可靠依据。指出了传统的DEA方法在评价科技资源配置效率时所存在的缺陷，将DEA三阶段法应用于省域科技资源配置效率评价，设计出省域科技资源配置效率三阶段DEA评价模型的基本思路。在此基础上，构建了省域科技资源配置效率三阶段DEA评价模型，包括省域科技资源配置效率第一阶段DEA评价模型的设计、第二阶段SFA回归模型的设计和第三阶段DEA评价模型的设计。

第四，在运用层次分析法确定了效率评价指标权重的基础上，运用模糊综合评价方法、三阶段DEA模型对中部六省的科技资源配置效率水平进行评价和分析。模糊综合评价方法针对省域科技资源配置效率评价部分指标不可量化以及很难量化的情况，在综合考虑多种因素的作用下，运用模糊数学工具对科技资源配置效率的性质或状态作出综合评判。三阶段DEA模型则利用不同评价样本同时具有投入和产出的多个数量指标的特性，比较不同省域科技资源配置效率水平。不同的模型各有其优势和特点，通过比较两种模型的评价结果，发现两者具有较好的一致性。

第五，运用结构方程模型，设计省域科技资源配置效率的影响因素的概念模型及调查问卷，对科技资源活动的相关人员进行调查，对调查结果进行数据分析、参数验证，通过判断各潜变量与显变量之间的内在关系，对影响省域科技资源配置效率的关键因素进行分析。得出配置强度、配置结构、配置环境和持续发展能力对科技资源配置效率的两个指标——科技直接产出和科技间接产出均有影响。其中，科技资源配置强度对科技资源配置效率的影响最大，科技资源配置强度是提升科技资源配置效率的关键因素，科技资源投入体系是否完善、科技资源支持力度是否适当，直接影响科技资源配置效率的高低；科技资源配置结构对科技资源配置效率的影响较为显著，同时企业科技人员与科技经费对科技资源配置结构的影响均较大；科技配置环境对科技资源配置效率的影响显著；持续发展能力对科技资源配置效率具有一定的影响。

第六，在实证研究的基础上，从科技资源配置强度、科技资源配置结构、科技资源配置环境、科技资源可持续发展四个方面，分析提升省域科技资源配置效率的策略。在省域科技资源配置强度方面，要正确处理科技发展与经济发展的关系；要保障政府科技投入稳定增长，继续加大企业R&D经费投入力度；要健全科技资源风险投资机制，进一步完善R&D活动人员培养机制。在省域科技资源配置结构方面，要构建以企业为主体的科技资源创新体系，正确处理基础研究、应用研究与实验发展的关系；高校、科研院所要与企业共建协同创新体系。在省域科技资源配置环境方面，要完善科技成果转化的政策环境，包括健全科技成果转化的激励机制、明确科技成果转化的产权保护问题、完善科技成果转化的中介服务体系；要健全以市场为基础的科技资源配置机制；要充分发挥市场在科技资源配置中的基础作用；要防范市场配置的风险；要准确定位政府在科技资源配置中的职能；要构建省域科技资源共享机制；要营造良好的科研氛围。在省域科技资源可持续发展方面，要树立省域科技资源可持续发展理念，包括科技服务民生理念、价值理性与工具理性相统一的理念、协同创新的理念；要增强科技人员的创新意识，培养科技人员的学习能力。

本书在写作过程中参阅了大量国内外学者的优秀论著和研究成果，作者尽力在脚注中对参阅的文献进行了标注，以表示对各位论著作者的尊重。同时，书中如有参考文献标注遗漏之处，敬请原作者原谅，并请与作者联系，以便在再版中更正。

本书在写作过程中，得到了一些教授、博士和长期从事相关研究工作的教师的帮助，叶常林教授详细审阅了全部书稿，并提出了许多宝贵意见，刘军教授对本书框架的设计进行了指导，韩家勤老师为本书数据的收集以及张勇博士为本书的定稿都做了大量的工作，在此谨向他们表示衷心的感谢。

由于作者水平有限，书中一定还存在许多不足之处，甚至可能还有许多错漏之处，恳请学界同仁批评、指正！

周　伟

2013 年 8 月

目　　录

导　论

本部分主要阐述本书研究内容的选题背景及意义、国内外研究现状、研究方法和技术路线，以及本书的主要创新之处等，为本书的后续研究奠定基础。

一、选题缘由

1. 研究背景

进入21世纪以来，知识经济在经济发展中扮演着越来越重要的角色，知识日益显现出其推动、支撑经济社会可持续发展的巨大作用；作为知识的核心内容和主要载体，科技资源已成为决定经济社会发展的重要的战略性资源，在一定程度上改变了自然、资本和劳动力等传统要素对经济发展的作用，逐步成为拉动经济增长的核心动力，成为区域发展的重要驱动力。科技资源的拥有量及其配置和利用的优化程度，对一个国家和地区的科技创新活动、国民经济发展、民生改善等产生广泛而深远的影响。因此，不断加大对科技资源的投入，已成为世界各国共同的战略性选择。2006年，美国的研发投入为3 437.5亿美元，占本国GDP的2.62%；2007年达到3 688亿美元，占本国GDP的2.68%。2006年，韩国的研发投入为273 457亿韩元，占本国GDP的3.22%；2007年达到313 013.8亿韩元，占本国GDP的3.47%。2006年，日本的研发投入为172 734.5亿日元，占本国GDP的3.39%；2007年达到177 562.4亿日元，占本国GDP的3.44%。

面对新的机遇与挑战，我国也十分重视对科技资源的管理。“十八大”报告指出，要深化科技体制改革，推动科技和经济紧密结合，加快建设国家创新体系，着力构建以企业为主体、市场为导向、产学研相结合的技术创新体系。国家“十二五”规划纲要中明确提出要“深化科技体制改革，加强科学研究与高等教育有机结合”，要“深化科研经费管理制度改革，完善科技成果评价奖励制度”，要“增强科研院所和高校创新动力，鼓励大型企业加大研发投入”，要“加大政府对基础研究的投入，推进重大科技基础设施建设和开放共享”等。在中央关于科技发展的战略布局下，我国各级政府逐步加大了科技投入的规模。2009年国家财政科技拨款为2 744.52亿元，是2000年国家财政科技拨款的近5倍；2009年全国研发经费内部支出为

5 802.11亿元，比2008年增长25.7%。从地区来看，2009年北京市的研发经费内部支出为6 686 351万元，研发经费内部支出占其国内生产总值的比重高达5.50%，2009年上海市的研发经费内部支出为4 233 774万元，研发经费内部支出占其国内生产总值的比重达2.81%。2009年中部地区安徽省的研发经费内部支出为1 359 535万元，江西的研发经费内部支出为758 936万元，河南的研发经费内部支出为1 747 599万元，湖北的研发经费内部支出为2 134 490万元，湖南的研发经费内部支出为1 534 995万元，分别比上一年增长38.3%、20.2%、42.9%、43.2%、36.2%，均高于同期各地区国内生产总值和政府财政支出的增幅。

近十几年来，我国各省市的科技资源投入水平虽然有了极大的提高，但全国整体的投入力度仍然相对不足。2007年我国R&D经费投入为371.02亿元人民币，占国内生产总值的比例仅为1.40%；而同期美国的R&D经费投入为368.80亿美元，占其国内生产总值的比例为2.68%；日本的R&D经费投入为17 756.24亿日元，占其国内生产总值的比例高达3.44%；德国的R&D经费投入为61.54亿欧元，占其国内生产总值的比例为2.54%。

此外，稀缺性相对更加突出的科技资源在配置过程中还是普遍存在着“跑冒滴漏”和误配置现象，比如科研机构相对封闭、条块分割，使得有限的科技资源难以得到有效配置，以及科技计划在不同部门之间、同一部门内部重复制订、重复实施，科研设备在不同部门重复购置、低效使用等都进一步强化了科技资源的稀缺性特征，造成了极大的浪费，严重制约了区域科技实力的提升与发展。对科技资源的发展状况、科技资源配置效率的影响因素进行研究，构建有效的省域科技资源配置效率评价体系，准确评价省域科技资源配置效率，制订合适的科技政策与选择恰当的科技发展战略，对国家或地区来说都显得格外重要。

安徽、湖北、湖南、河南、山西、江西六个中部省份，地处中国内陆腹地，起着承东启西、接南连北、吸引四面、辐射八方的作用。中部依靠全国10.7%的土地，承载全国28.1%的人口，创造全国19.5%的GDP，是我国的人口大区、经济腹地和重要市场，在中国地域分工中扮演着重要角色。从中国整体发展的角度考虑，中部就是中国的“腰”和“心腹”，只有“腰板”直了，中国这个巨人才能走得正、走得稳，中国经济才能协调健康发展。2010年8月，国家发改委批准通过《促进中部地区崛起规划实施意见的通知》和《关于促进中部地区城市群发展的指导意见的通知》，正是基于其战略地位的考虑。中部六省极其重要的战略地位，决定了其科技、经济、社会的发展速度和质量对我国经济社会发展起着重要的作用。

2. 研究意义

本书从配置效率的角度设计评价指标体系，研究省域科技资源的配置状况，对探讨如何整合有限的科技资源、优化资源配置，对提升科技资源利用效率、促进科技创新、推动省域经济社会又好又快发展等都具有重要的现实意义。

第一,可进一步丰富科技资源配置理论,构建科学合理的省域科技资源配置效率的评价体系与评价模型。

利用 SEM 的思路,设计科技资源配置效率的概念模型,并通过实证研究其影响因素,可为评价指标体系的设计提供科学依据。通过科技资源配置效率的评价内容与结构、评价指标体系构建原则、权变因子、评价指标权重等方面的探讨,构建符合省域发展规律和经济转型升级的科技资源配置效率评价体系与评价模型。

第二,可进一步促进科技管理决策的科学化,提高科技投入的效益。

利用省域科技资源配置效率的评价体系与评价模型,对部分省域科技资源的配置效率进行实证研究,并提出相应的提升对策,可为政府制定科技政策提供依据,以促进科技管理决策的科学化。通过构建科学合理的科技资源管理体系和配置机制,在引导科技资源的合理流动和充分有效利用科技资源的同时,优化科技资源配置结构,集中有限的资源投入到优先发展或重点培育的领域中,推进科技资源在产业、区域、部门等方面布局的均衡化与合理化,从而大大降低科技资源配置过程中的重复浪费,提高科技资源投入效益。

本书利用理论研究所设计的省域科技资源配置效率的评价体系,对中部六省科技资源配置效率进行实证研究,分析影响配置效率的关键因素,构建省域科技资源配置效率影响因素框架模型,在此基础上研究配置效率的提升策略,可为其他省份科技资源配置效率的评价与提升提供借鉴。

二、研究现状

关于科技资源配置效率的相关问题,国内外学者从多个角度、运用多种方法进行了研究,并涌现出一批富有价值的研究成果。

1. 国内研究现状

国内学者的研究主要侧重于四个方面。

其一,关于科技资源及其配置概念的研究。

周寄中①从科技资源发挥作用的视角出发,将科技资源定义为科技活动的物质基础,创造科技成果、推动整个经济和社会发展的要素集合,是“第一资源”,并从内容上将科技资源分为科技财力资源、科技人力资源、科技物力资源、科技信息资源等四个方面。他把科技资源配置定义为“科技资源在不同时空上的分配和使用”,包括配置规模、配置结构和配置方式三部分。从微观层面看,科技资源配置是

① 周寄中.科技资源论[M].西安:陕西人民教育出版社,1999.

指某一科技活动主体内部对各种科技资源进行配置，目的在于实现高效率产出。从宏观层面看，科技资源配置是指将科技资源在不同科技活动主体、不同科技活动过程、学科领域、地区和部门之间进行分配，为了实现促进科技、经济和社会协调发展的目标。师萍、李垣等①首次引入新制度经济学理论，考察了制度和市场对科技资源配置的影响。他们从科技资源的本质特性与环境因素结合的角度，给出了科技资源配置体系的组成和各部分之间内在联系的结构模型。研究认为，科技资源配置体系可划分为科学技术核心、专业技能系统、制度界面、技术市场四个组成部分，而制度和市场则是系统行为的主要决定因素。后来，师萍等又在上述研究的基础上，从科技资源配置的主体、结构、功能、效率等层面出发，系统地勾画出科技资源配置体系内涵的框架和模式，并指出制度在配置体系中的功能是激励、配置、保险、约束。

孙宝凤、李建华②从可持续发展的视角对科技资源及其配置概念进行拓展，将科技资源定义为能直接或间接推动科学技术进步，从而促进经济可持续发展的一切资源；同时，将科技资源配置的目标拓展为向着促进经济可持续发展的目标，实现最优成效，形成科学技术进步和经济可持续发展的一种良性循环。钟荣丙③认为，界定科技资源时要考虑制度和市场两大变量，不应该忽略制度政策和人文环境两大因素。他认为科技资源从广义上来讲是指与科技活动相关的所有自然资源和社会资源；狭义上来讲，科技资源是指直接影响科技进步和发展的自然资源和社会资源，主要包括人力资源、实物资源、资金资源、信息资源、制度政策资源。杨子江④基于对资源是人类经济活动和非经济活动的基础条件的认识，将科技资源的内涵定义为“科技资源是科技活动的主要条件，它是科学研究和技术创新的生产要素的集合”。并且从社会再生产即扩大再生产以及科技活动发展的连续性角度，将科技资源的外延扩大为“不仅包括投入到科学研究和技术创新过程中的财力、人力、物力和知识信息等资源而形成的科学研究和技术创新的条件，而且包括科学研究和技术创新的产出——科技成果”。基于对科技资源的上述认识，杨子江定义的科技资源配置的内容和范围相应扩大，配置过程成为了一个在全社会范围内实现科技与经济协调发展的动态优化的问题。如何从宏观管理的角度予以调控成为进

① 师萍，李垣．科技资源体系内涵与制度因素[J]．中国软科学，2000(11)：55－56.

② 孙宝凤，李建华．基于可持续发展的科技资源配置研究[J]．社会科学战线，2001(5)：36－39.

③ 钟荣丙．整合科技资源，促进地方科技发展[J]．技术经济，2006(7)：11－12.

④ 杨子江．科技资源内涵与外延探讨[J]．科技管理研究，2007(2)：213－216.

一步研究的方向。李建华、刘玲利等[①]认为应从静态和动态两个方面对科技资源配置进行理解,科技资源配置行为具有静态性,是一种表征全局的结果,即一种配置效果;就其动态性特征而言,科技资源配置主体对科技人力、财力等科技资源要素的配置不仅是作为科技活动的基础和起点而存在的简单的配置行为,其行为更是一种过程,存在于科技活动从投入到产出的全过程,其间的每一个环节都体现出了配置主体的行为效果。丁厚德[②]论述了科技资源在国家发展中的地位、特征和内涵及科技资源配置与科技管理决策的关系、科技资源配置与公共财政的关系,并提出要加强科技资源及其配置的理论研究,建设科技资源共享平台。

其二,关于科技资源配置效率的影响因素研究。

张敬川[③]结合广东省科技资源发展的实际情况,建立科技资源最优化配置的模型,指出影响科技资源配置的六大因素:国家科技力量的布局、经济发展状况、政府财政科技投入、产业结构、企业规模及科研机构职工收入水平。李石柱、李冬梅等[④]选择结构性要素中的R&D活动各个阶段科技资源投入的分配比例、科技资源使用结构比例及不同产业间科技资源投入比例结构和社会环境中的区域经济发展水平、经济体制转换程度的不同,对影响我国区域科技产出单项指标效率的要素进行定量分析,并得出影响科技产出单项指标效率的主要因素。叶儒霏、陈欣然等[⑤]认为,决策制度存在非理性导向、R&D投资机制不健全及政府、企业和大学(科研机构)角色错位是影响我国科技资源配置效率的原因。唐五湘、李冬梅、周飞跃[⑥]利用我国所有省市中的30个省市自治区的科技资源配置的面板数据,从科技经费规模、科技活动人员规模、人均科技经费规模、科技资源投入不同配置主体的比例及经济体制转换程度等方面,研究科技资源配置效率的影响因素。并得出结论:人员、经费规模对配置效率无影响,经费集中配置有利于提高科技资源配置效率,科技资源配置的优先顺序是:科研机构、企业、高等院校。孙绪华、陈诗波、程国强[⑦]

---

① 李建华,刘玲利,吴晟,等.科技资源配置决策支持系统的构建和设计[J].情报杂志,2007(4):51-54.

② 丁厚德.科技资源及其配置的研究[J].中国科技资源导刊,2009(2):30-33.

③ 张敬川.广东科技资源优化配置的取向及其影响因素[J].南方经济,2002(6):52-54.

④ 李石柱,李冬梅,唐五湘.影响我国区域科技产出单指标效率要素的定量分析[J].科学学与科学技术管理,2003(3):14-17.

⑤ 叶儒霏,陈欣然,余新炳,等.影响我国科技资源配置效率的原因及对策分析[J].研究与发展管理,2004(10):113-117.

⑥ 唐五湘,李冬梅,周飞跃.基于面板数据的影响我国地区科技资源配置效率要素的定量分析[J].科技管理研究,2007(10):115-117.

⑦ 孙绪华,陈诗波,程国强.基于Malmquist指数的国有科技资源配置效率监测及其影响因素分析[J].中国科技论坛,2011(3):21-28.

通过对全国各地区科技资源配置的 Malmquist 指数的测算，认为我国科技资源配置的 TFP 增长主要受技术效率提升和技术进步的双重影响，技术效率变动主要由于受纯技术效率和规模效率变动的双重影响，但规模效率变动对技术效率指数变动的作用更大，即现阶段我国科技资源配置的技术效率主要受外延式规模扩张的影响较大，内涵式增长的作用还没有得到挖掘和充分发挥。

其三，关于科技资源配置效率评价指标的研究。

张英华、冯振环①将每万人口中从事科技活动人员数、从事科技活动人员中科学家和工程师比重、研发经费与 GDP 的比例、国家财政科技拨款占国家财政支出比重、企业技术开发经费占产品销售收入比重，作为科技资源投入指标；将万名科技活动人员科技论文数、每百万人口发明专利授权量、高技术产业增加值占全部制造业增加值比重、高新技术产品出口额占商品出口额比重、新产品销售收入占全部产品销售收入比重，作为科技资源产出指标，对科技资源配置效率进行评价。赵敏②使用科技活动人员、科技活动中科学家和工程师人数、研发经费、科技活动经费、技术开发经费，以及科技论文数、发明专利批准数、获国家级奖数、新产品销售额等指标，构建了科技投入产出评价指标体系，并运用数据包络分析方法，建立了南京市科技投入产出评价模型。田中禾、吴青松③选用科技活动人数、科学家和工程师人数、研发经费内部支出、科技活动经费科技成果鉴定项目数、发明专利批准数、获国家级奖励、技术合同成交金额等指标，对甘肃省 2001—2005 年科技投入产出的 C^2GS^2 进行了分析。管燕、吴和成等④选择科技人员中 R&D 人员比重、科技拨款占财政支出比例，高技术产品产值、高技术产品产值比例、高技术产品销售收入、新产品销售收入、专利批准数等对江苏省科技资源配置效率进行研究。俞立平、熊德平等⑤选用科技活动人员数、研发人员全时当量、科研经费、研发经费内部支出、发明专利、实用新型专利、外观设计等指标对中国地区科技效率进行了测度。

其四，关于科技资源配置效率评价方法的研究。

对于科技资源配置效率评价方法的研究是近几年科技资源配置问题研究的核

---

① 张英华，冯振环. 科技实力评价方法探微[J]. 科学学与科学技术管理，2003(6)：100－105.

② 赵敏. 南京市科技投入产出的评价模型[J]. 南京社会科学：增刊，2003：285－288.

③ 田中禾，吴青松. C^2GS^2 模型在甘肃科技投入产出效率评价中的应用[J]. 系统工程，2008(5)：100－105.

④ 管燕，吴和成，黄舜. 基于改进 DEA 的江苏省科技资源配置效率研究[J]. 科研管理，2011(2)：145－150.

⑤ 俞立平，熊德平，武夷山. 中国地区科技效率的组合测度研究[J]. 科学学研究，2011(8)：1141－1146.

心问题之一，很多学者都在尝试用各种分析与评价方法对科技资源配置的效率进行定量分析，其中运用比较广泛、比较有效的主要包括如下几种。

① 最优化方法

李晓群、谢科范、李季泽①基于科技资源配置与使用问题的系统分析，提出科技资源利用率的评价必须建立在对科技资源实力评价的基础上，并以地区科学家和工程师总量、科技经费筹集额为指标，建立了科技资源综合实力指数。给出了评价科技资源利用率的理论模型，即构建科技资源配置效益最优化模型，其中目标函数为科技资源配置的经济、社会效益的效用函数。梅静娟、李石柱②通过对科技创新过程不同阶段研究的投入产出进行特性分析，从理论上得出科技资源投入与科技产出效益以及科技投入与经济效益产出之间的函数关系，从而给出科技资源综合效益最大化数学模型，从理论上分析了科技资源投入对科技活动与经济效益的影响。

② 主成分分析方法

李冬梅、李石柱、唐五湘③运用多元统计分析中的主成分分析方法，对我国所有省市中的30个省、市、自治区的科技资源配置效果进行分析，并运用聚类分析将各地区科技资源配置效果进行划分。他们认为组成科技资源系统的各要素是相互作用、相互影响的，而其中的科技物力资源、信息资源以及组织资源都反映在科技人力资源和财力资源上。牛树海、金凤君、刘毅④运用主成分分析法，从科技人力资源配置、财力资源配置、配置强度和配置效果四个方面来评价和分析我国各省市在科技资源配置能力方面的区域性差异。周勇、李廉水⑤采用“非线性”主成分分析方法对区域科技资源配置能力进行评价分析，并结合评价结果提出建议。

③ 层次分析法

华瑶、刘春波⑥运用层次分析法综合评价科技资源配置能力，在他们的评价指标体系中，科技资源的配置能力主要取决于三方面因素：资源性能、技术性能和环

① 李晓群，谢科范，李季泽. 科技资源及其利用率评价的理论分析[J]. 技术经济，1999(11)：48－50.

② 梅静娟，李石柱. 科技资源配置阶段结构优化理论数学模型[J]. 北京机械工业学院学报，2002(2)：59－63.

③ 李冬梅，李石柱，唐五湘. 我国区域科技资源配置效率情况评价[J]. 北京机械工业学院学报，2003(1)：50－55.

④ 牛树海，金凤君，刘毅. 科技资源配置的区域差异[J]. 资源科学，2004(1)：61－67.

⑤ 周勇，李廉水. 基于“非线性”主成分法的区域科技资源配置能力评价分析[J]. 科技管理研究，2006(4)：65－67.

⑥ 华瑶，刘春波，朱林生. 层次分析法在科技资源配置能力综合评价中的应用[J]. 东北电力学院学报，2004(2)：42－44.

境性能。其中资源性能包括科技资源配置的规模、结构和效益；技术性能包括成果的转化、扩散和科技开发能力；而环境性能则指政府和中介机构的服务能力。此外，卜鸥[①]运用层次聚类分析法对中国 31 个省市科技人力资源的利用情况进行分析，并指出存在的不足及解决对策。

④ DEA(数据包络分析)方法

DEA 是一种面向对象的评价方法，充分考虑对决策单元本身最优的投入产出方案，因而能够比较理想地反映评价对象自身的信息和特点；同时 DEA 方法对于评价复杂系统的多投入、多产出分析具有独到之处。近几年，一些学者尝试将 DEA 方法运用于科技资源配置评价研究中，使用 C^2R 模型与 C^2GS^2 模型，评价科技资源配置的规模有效性和技术有效性，而在具体投入产出指标的设定上则有所不同。其中比较有代表性的研究有：孙宝凤、李建华、杨印生[②]运用 DEA 方法评价区域的综合科技能力，在他们的评价指标体系中，以科技体系对科技财力、人力、物力、信息、组织和环境资源的配置能力等综合性指标作为衡量科技资源配置效率的输入指标，以论文、专利等科技产品的产出能力和技术的贸易与市场化能力等作为输出指标。宋涛、胡宝民[③]用万人从事科技活动人员数、R&D 经费与 GDP 比例、企业科技经费占销售收入比重等反映科技资源投入的作为投入指标，将人均科技论文数、发明专利数和技术成果成交额等反映科技活动效率的直接产出指标，以及高技术产品出口额、新产品销售收入和万元 GDP 综合能耗等反映科技活动对经济和社会发展贡献与影响的间接产出指标，作为 DEA 评价系统的产出指标。此外，王涛、顾新[④]运用 DEA 方法分析了四川省科技资源配置状况，并根据分析结果，提出一些建议。陈慧、孙琳、戴磊[⑤]运用 DEA 方法对吉林省科技资源配置有效性进行横向与纵向的评价，并指出吉林省科技资源配置的关键不足。罗彪、汪小平、季红梅[⑥]对科技资源配置效率常用评价方法的不足和缺陷进行研究，在此基础上提

---

① 卜鸥. 中国 31 个省市科技人力资源层次聚类分析[J]. 重庆师范大学学报：哲学社会科学版，2009(5)：39－43.

② 孙宝凤，李建华，杨印生. 运用 DEA 方法评价地区科技资源配置的相对有效性[J]. 数理统计与管理，2004(2)：52－57.

③ 宋涛，胡宝民. DEA 模型及其参数在区域科技资源配置有效性评价中的应用[J]. 科技进步与对策，2004(7)：77－75.

④ 王涛，顾新. 运用 DEA 评价四川省科技资源配置的有效性[J]. 软科学，2008(5)：81－85.

⑤ 陈慧，孙琳，戴磊. 吉林省科技资源配置有效性评价研究[J]. 情报科学，2010(5)：732－735.

⑥ 罗彪，汪小平，季红梅. 基于 DEA 交叉评价的科技资源配置效率研究[J]. 现代管理科学，2011(12)：732－735.

出了基于 DEA 的交叉评价方法，并以安徽省为例对其 1990—2009 年科技资源配置效率进行了测度，分析了安徽省科技资源配置效率的影响因素。

⑤ 模糊综合评判法

阮晓妮[1]采用模糊层次分析法和模糊综合评判法对某地区近年来科技资源配置进行了综合评价。其中具体采用了系统结构的方式，从定性和定量两个方面对评价者进行描述，构建了科技资源配置能力的分层评价指标体系。杨艳萍、赵洪祎[2]运用模糊综合评判法对我国区域科技资源配置能力进行实证分析，找出了我国科技资源配置在不同区域上表现出的优势与劣势。陈呈频、兰秀菊、毕娜[3]运用模糊综合评判法对科技配置能力评价指标的权重进行计算，并将杭州地区的指标数值作为标杆，将宁波与杭州地区科技资源配置能力按照建立的指标体系模型进行评比分析，揭示了宁波科技资源配置中存在的问题，为科技资源配置能力优化建设提供了科学依据。张利华、肖健[4]将模糊综合评价方法引入到科技项目的选择评估中，在此基础上，通过实例分析验证了模型的有效性及合理性，并将评价结果应用于地区科技资源的优化配置及科技项目管理与决策水平的提高等。

其五，关于科技资源配置效率的对策研究。

刘强[5]指出，由于受计划经济体制影响，长期以来我国实行的是以国家指令性计划为根本方针的科技资源配置模式。政府行政配置方式虽然有利于实现科技资源的全社会共享，但另一方面也暴露出计划经济的缺点：由于缺乏市场需求导向，容易造成科技资源的重复配置，导致配置效率低下。汪涛、李石柱[6]认为市场是效率最高的资源配置方式，但技术市场的固有缺陷是无法靠其自身的功能去弥补和矫正的，因此政府的宏观指导行为就成为弥补市场结构不完善的关键要素。李龙一[7]将政府在科技资源配置中的主导作用进行了更细致的总结和划分，他认为政

① 阮晓妮. 科技资源配置的模糊综合评价[J]. 技术与创新管理，2006(6)：15－18.

② 杨艳萍，赵洪祎. 我国区域科技资源配置能力的实证分析[J]. 科技管理研究，2007(12)：108－110.

③ 陈呈频，兰秀菊，毕娜. 基于模糊评判机制的科技资源配置能力研究[J]. 浙江工业大学学报，2007(10)：510－514.

④ 张利华，肖健. 基于模糊综合评价方法的科技项目选择研究：以北京市海淀区科技项目选择为例[J]. 科技资讯，2012(7)：230－231.

⑤ 刘强. 科技资源配置过程中的市场和投资行为分析[J]. 洛阳师专学报，2000(2)：51－53.

⑥ 汪涛，李石柱. 国际化背景下政府主导科技资源配置的主要方式分析[J]. 中国科技论坛，2002(4)：9－16.

⑦ 李龙一. 科技资源配置的模式研究[J]. 科研管理，2003(12)：16－19.

府首先应进行科技管理制度的改革,强化科技资源管理的宏观调控职能;其次,应按科技资源自身的发展规律进行科学重组,充分发挥科技资源的规模经济效益;再次,要加快科技资源市场机制的建设和完善;最后,拓宽融资渠道,合理引导社会资金的有效注入。

陈昭锋①认为,科技资源是一种具有外部性的特殊资源,所以科技资源配置的社会化、集中化和动态化在理论上就成为其必然要求,科技投入社会化将是我国科技资源配置市场化的基本路径,也是其配置的基本规律。丁厚德②认为,建立对企业研发投入进行冲抵的所得税制度,不断强化企业作为科技投入的主体地位,加大资金投入强度,加大政策扶持力度,加强法制建设,大力发展风险投资事业,广泛吸收社会资金逐步实现科技投入的社会化,为企业的技术创新、科技成果转化提供强有力的资金支持。王小利③、宋河发等④指出,在我国现有的科技资源配置体制下,科研机构封闭、条块分割,科技计划在不同部门之间以及同一部门内部重复制订、重复实施,导致科技资源大量浪费的现象同时并存。因此,加强科技计划的宏观管理、建立科技资源的共享机制以提高科技资源的利用效率是深化科技体制改革、优化科技资源配置效率的必然选择。同时,应当进行财政科技投入与经费管理体制的改革,包括加强对财政科技投入的战略规划,加大对财政科技经费引导力度,改革财政科技经费管理模式,加大对创新人才的财政科技投入,加强对财政科技经费的管理监督。

上述关于科技资源配置效率的研究,从各个角度、不同层面上对我国的科技资源配置进行了分析。但仍存在不足,一是对影响我国科技资源配置效率因素的研究,主要是来源于定性的判断,缺乏验证性研究,因此说服力不强;二是评价指标的选取缺乏理论支撑,科学性不够;三是对影响我国科技资源配置效率因素的研究大多还停留在问题的某一个方面,而对于造成现象背后的统一的质的问题的研究尚不多见。

2. 国外研究现状

国外学者对科技资源配置的研究主要集中在三个领域:一是科技政策的研究,二是科技资源配置行为的研究,三是科技资源配置效果的实证研究。

---

① 陈昭锋. 1995—2001年中国科技投入社会化进程的初步研究[J]. 科学管理研究,2004(6):53-58.

② 丁厚德. 科技资源配置的新问题和对策分析[J]. 科学学研究,2005(4):474-480.

③ 王小利. 关于继续加强财政支持下科技投入的政策思考[J]. 科学管理研究,2005(1):62-68.

④ 宋河发,穆荣平,任中保. 我国财政科技投入与经费管理问题研究[J]. 科学管理研究,2005(5):104-113.

其一，关于科技资源政策对科技资源配置指导作用的研究。

这方面的研究主要集中在政策制定的基本理念和政策支持的方向方面。

在政策制定的基本理念方面：

Chiang Jong-Tsong① 通过对主要工业化国家科技政策研究，认为日本和德国的科技政策是扩散导向型，法国和英国的科技政策则是任务导向型，而美国的科技政策正由任务导向向扩散导向转变。Kim，Dahlman② 通过构建一个三维框架，对科技政策进行分析：市场机制视角，包括对技术的需求、供给及二者的联结；技术流视角，包括技术转化、扩散和研发；动态视角指的是技术轨道的形成。他强调科技政策应当在科技供给、需求及其之间的联结上进行有效的平衡；关于技术转化、扩散和研发的科技政策应随着外部环境的变化而不断进行调整。Sharp，Pavitt③ 指出政策的制定应以促进技术自身的完善为核心，加强制度间的一致性和相关性，从而提高政策执行的效率，具体包括改善科学技术结构的政策，促进竞争的政策和弥补制度性缺陷的政策。Teubal④ 认为科技政策对于技术的外部性和市场失灵具有一定的调节作用，这种调节作用应当分阶段进行：在初级阶段，对经济中的常规性、内生性研发活动进行大规模、灵活的、搜寻导向的支持方式；在后期阶段，政府则应尽可能地大量减少对传统形式的研发活动的支持。Hahn，Yu⑤ 指出当前科技政策中存在的问题主要在于：相对于技术产生政策而言，技术扩散政策往往被忽略；技术产生政策和技术扩散政策结合不紧密，认为应当建立统一的政策框架将两者整合，以促进二者的协同发展。

Dianne，Veronica⑥ 认为应当加强高校与企业的产学研合作，利用技术转化帮助企业提高竞争力，从而将高校的科技成果内化为企业的资源。Javier⑦ 认为随着

① Chiang Jong-Tsong. From "Mission-Oriented" to "Diffusion-Oriented" paradigm: the new trend of U. S. industrial technology policy [J]. Technovation, 1991, 11(6):339 - 356.

② Kim L, Dahlman C J. Technology policy for industrialization: an integrative framework and Korea's experience[J]. Research Policy, 1992, 21(5):437 - 452.

③ Sharp M, Pavitt K. Technology policy in the 1990s: old trends and new realities[J]. Journal of Common Market Studies, 1993, 31(2):129 - 151.

④ Teubal M. R&D and technology policy in NICs as learning processes [J]. World Development, 1996, 24(3):449 - 460.

⑤ Hahn Y H, Yu P. Towards a new technology policy: the integration of generation and diffusion[J]. Technovation, 1999, 19(3):177 - 186.

⑥ Dianne R, Veronica H. Technology policy 2000: university to industry transfer [J]. International Journal of Public Administration, 1999, 22(8):1189 - 1211.

⑦ Javier M E. Research and technology policies in innovation systems: zero tillage in Brazil [J]. Research Policy, 2003, 32(4):573 - 586.

技术复杂性的不断增加，科技政策越来越具有实效性。在新的环境下，科技政策应当进行以下调整：加强机构间的合作；提高公共研究及其范围、资金制度的有效性；给予研究人员充分的空间制订其研究计划；控制研究的质量。此外，Dan[①] 对以色列信息产业科技政策进行了研究。Khadige 等[②]对全球信息产业政策趋势进行了探讨。

在政策支持的方向方面：

Oral，Maloui，Rahn[③] 采用实证分析的方法对土耳其钢铁产业从微观和宏观角度进行分析，指出单纯的技术引进并不能有效地实现技术转化，技术引进国的教育水平对技术的有效转化起着重要作用。一个技术缺乏的国家在通过引进技术以满足国内经济增长的需求时，一般需要在投资、教育和竞争等方面给予相应的政策支持，才能有助于技术成果转化的有效实现。Stoneman[④] 认为税收许可证制度会影响政府采购，而税收补贴制度则不会带来上述问题，并且可以通过税收刺激以激励企业从事研发活动。Branscomb[⑤] 认为政府应当通过鼓励企业联合研发、加大科研基础设施建设，提高企业科技成果转化的能力，从而刺激跨产业创新思想的产生。

Reynolds[⑥] 指出虽然更多的政府干预会破坏自由市场的决策过程，但是政府同公司的合作与支持是美国在关键技术领域保持竞争力的重要因素。Cohen[⑦] 指出政府应对研发合作的风险给予补贴，补贴的形式从直接对私人计划进行补贴转变为对私人研发提供人力、物力支持，包括提供国家实验室的所属专家和基础设

---

① Dan B. Industrial R&D as a national policy: horizontal technology policies and industry-state co-evolution in the growth of the Israeli software industry [J]. Research Policy, 2007, 9(36):1465 - 1482.

② Khadige H, et al. Information technology policy trends in the world[J]. Technology in Society, 2009, 2(31):125 - 132.

③ Oral M, Malouin J L, Rahn J. Formulating technology policy and planning industrial R&D activities[J]. Management Science, 1981, 27(11):1294 - 1308.

④ Stoneman P. The use of a Levy/Grant system as an alternative to tax based incentives to R&D[J]. Research Policy, 1991, 20(3):195 - 201.

⑤ Branscomb L M. Does America need a technology policy[J]. Harvard Business Review, 1992, 70(2):24 - 30.

⑥ Reynolds L. Technology policy breeds new era of cooperation[J]. Management Review, 1993, 82(6):50 - 52.

⑦ Cohen L. When can government subsidize research joint ventures? politics, economics, and limits to technology policy[J]. The American Economic Review, 1994, 84(2):159 - 163.

施。Weidenbaum① 指出政府应当支持具有商业导向的计划政策，具体包括建立一个简单、有效的专利体系以利于技术的产生和扩散；对反垄断法进行相应修改以消除不利于利用联合研发产生的信息发展新技术的障碍；进行国家实验室私有化，允许私人企业利用其资源进行新产品的开发。Smits，Leyten，Hertog② 认为应充分重视科技评估在科技政策中的重要地位，其在促进对新技术发展进行投资的社会和经济的回报率的提高中将起到很重要的作用。Renaud③ 认为对基础研究投资会减少公司对未来的投资机会，因而公司较少对基础研究进行投资。这就需要政府通过科技政策进行诱导，以形成广泛的社会化的科技投入机制。

其二，关于科技资源配置行为的研究。

这方面的研究主要是以企业为研究对象，包括政府的政策补贴、企业规模、企业销售收入、生产率和创新回报率、企业的创新意识、企业的研发机会等因素对科技资源配置行为的影响。

Scherer④ 从企业创新意识的视角进行探索，研究发现企业在市场竞争中面临的技术机会和技术的专用性条件对企业的技术创新活动及其研发资源的配置具有重要影响。Odagiri⑤ 以 370 家日本生产企业为样本进行实证研究，指出研发支出的增加与销售收入的增长成正相关关系。Pavitt 等⑥研究发现企业的研发效率和企业规模之间呈现"U 型"关系，即就效率而言企业的规模也存在着一个最优值的问题。Scholefield⑦ 打破以往基于经营绩效对多元化商业组织中的研发资源进行配置的模式，提出依据技术杠杆和商业杠杆原则进行紧密联系企业战略的研发资

① Weidenbaum M. A new technology policy for the United States? [J]. Regulation, 1994, 16(4): 18-28.

② Smits R, Leyten J, Hertog P D. Technology assessment and technology policy in Europe: new concepts, new goals, new infrastructures[J]. Policy Sciences, 1995, 28(3): 271-299.

③ Renaud B. Post keynesian theory, technology policy, and long-term growth[J]. Journal of Post Keynesian Economics, 2004, 26(3): 419-440.

④ Scherer F M. Size of firm, oligopoly and research: a comment [J]. Journal of Economics and Political Science, 1965, 20(5): 423-429.

⑤ Odagiri H. R&D expenditures, royalty payments and sales growth in Japanese manufacturing corporations[J]. The Journal of Industrial Economics, 1983, 32(1): 61-72.

⑥ Pavitt K, Robson M, Townsend J. The size distribution of innovating firms in the UK: 1945—1983[J]. Journal of Industrial Economics, 1987, 35(3): 297-316.

⑦ Scholefield J H. The allocation of R&D resource[J]. R&D Management, 1994, 24(1): 91-97.

源配置模式。Veugelers[①]对企业的内外部研发活动进行了分析，指出在企业有自己的研发部门的情况下，企业的规模、所有者结构的多样性、技术机会、多样的外部研发战略等对企业内部研发支出有显著的积极影响；而且随着公司内部研发支出的增加，其外部的研发合作就会越频繁。Jankowski[②]基于企业创新意识的研究视角，通过对1988—1998年十年间美国的科技服务性公司的研发活动进行大量的抽样研究，发现科技服务性公司的研发投入主要取决于公司是否充分认识到研发对于其自身发展的重要意义。Segerstrom，Zolnierek[③]指出行业领导者热衷于研发投资的原因在于，相对于其他企业而言，其具有成本优势，并且这种优势主要源于政府的研发补贴和税收优惠政策。Katharine[④]采用柯布-道格拉斯生产函数对170家英国公司的研发强度进行分析，指出研发支出对生产率提高有很大影响；公司创新历史越长，其研发回报率越高。Guellec，Van Pottelsberghe[⑤]研究了政府对企业研发活动的财政补贴、税收优惠以及政府对科研机构、高校的直接补贴对企业研发活动的影响。

Joseph，Jeff[⑥]对13个产业204个公司进行实证分析，得出当公司产品多样化程度较高且技术机会较多时，将会对研发强度产生较大的负面影响，并指出边际研发资源配置是由研发活动的效率决定的，而不是由短期风险业绩决定的。Matthew，Mark[⑦]研究宏观经济波动对企业的研发活动的影响，发现企业的研发支出在长期内与商业周期基本上呈对称分布。Liu，Shieh[⑧]对1991—2000年纳入政府研发补贴计划的公司的相关数据进行了实证分析，指出企业研发经费的自筹

① Veugelers R. Internal R&D expenditures and external technology sourcing[J]. Research Policy，1997，26(3)：303－315.

② Jankowski J E. R&D：foundation for innovation[J]. Research Technology Management，1998，41(2)：14－20.

③ Segerstrom P S，Zolnierek J M. The R&D incentives of industry leaders[J]. International Economic Review[H. W. Wilson－SSA]，1999，40(3)：745－766.

④ Katharine W. Productivity growth and R&D expenditure in UK manufacturing firms[J]. Research Policy，2001，30(7)：1079－1090.

⑤ Guellec D，Van Pottelsberghe B. The impact of public R&D expenditure on business R&D[J]. Economics of Innovation and New Technology，2003，12(3)：225－243.

⑥ Joseph P，Jeff B J. Product diversification and R&D investment：an empirical analysis of competing hypotheses[J]. Organizational Analysis，2004，12(4)：379－394.

⑦ Matthew R，Mark F. Demand shocks and firm-financed R&D expenditures[J]. Applied Economics，2004，36(14)：1529－1536.

⑧ Day-Yang Liu，Lon-Fon Shieh. The effects of government subsidy measures on corporate R&D expenditure：a case study of the leading product development programme[J]. International Journal of Product Development，2005，2(3).

资金总额与企业规模无关,而与企业自有资本金和国家研发补贴有正相关关系。Yasuda[①]以日本制造业企业为样本,通过实证研究表明公司规模、年龄对其研发行为存在着确定性影响。Wu[②]研究私人企业研发支出与政府政策之间的关系,认为政府对企业研发的税收优惠政策将刺激私人企业的研发支出,政府对社会科技发展、高等教育的政策性目标规划对私人企业的研发投资具有引导作用。

Mahlich,Roediger-Schluga[③]以1987—1998年日本的15家上市公司为样本进行实证分析,得出企业研发经费支出主要受预期创新回报率的影响。Zohar,Albert[④]研究外部市场不确定性状态下企业多项目研发活动的资源配置问题,认为在企业不同项目研发投入的预期净收益可明确计算的情况下,项目间的投入冲突的情况并不必然发生。Chen,Hsu[⑤]基于企业国际化的视角研究企业的内部资源配置问题,认为企业的国际化对企业资源配置行为的影响存在一个最佳状态,并以台湾企业为样本进行实证分析,指出台湾的企业在现阶段若将集中在研发活动上的资源适当转移到企业营销活动中,将会获得更大的收益。

其三,关于科技资源配置效果的实证研究。

国外学者采用各种优化方法对科技活动中涉及的研发资金配置、研发成本控制、研发人力资源配置以及研发方案选择等各个方面进行实证研究。

Khorramshahgol等[⑥]通过对企业研发资源研究领域的专家及业内人士的咨询、调查,对企业多目标研发规划的最小成本或最优收益问题进行了研究,发现企

① Yasuda T. Firm growth, size, age and behavior in Japanese manufacturing[J]. Small Business Economics,2005,25(1):1-15.

② Wu Yonghong. The effects of state R&D tax credits in stimulating private R&D expenditure: a cross-state empirical analysis [J]. Journal of Policy Analysis and Management [H. W. Wilson-SSA], 2005, 24(4):785-802.

③ Mahlich J C, Roediger-Schluga T. The determinants of pharmaceutical R&D expenditures: evidence from Japan [J]. Review of Industrial Organization, 2006, 28(2):145-164.

④ Zohar L, Albert I G. Resource allocation under uncertainty in a multi-project matrix environment: Is organizational conflict inevitable? [J]. International Journal of Project Management, 2008, 8(26):773-788.

⑤ Chen Homin, Hsu Chia-Wen. Internationalization, resource allocation and firm performance[J]. Industrial Marketing Management, In Press, Corrected Proof, Available online 5 November 2009.

⑥ Khorramshahgol R, Gousty Y. Delphic goal programming (DGP): a multi-Objective cost/benefit approach to R&D portfolio analysis [J]. IEEE Transactions on Engineering Management,1986,33(3):172-175.

业研发人员及专家对企业研发资源配置的直观认识在长期内具有很强的规律性。Merrill① 采用层次分析法对企业研发资源配置中的效率影响因素进行了实证分析，发现研发活动事前的市场需求调研，即研发活动的针对性对其效率的影响是很大的。Schmidt② 则运用马尔可夫随机过程理论，建立了生物制药研发活动过程中的研发资源优化配置的改进模型。Kent，Malcolm③ 对企业研发活动中的资源投入效果进行了模拟分析，结论显示，基于市场调研—产品功能定位—研发投入的路径反馈是正向有效的，即加强在此路径上的研发资源投入力度是优化研发资源投入效率的选择。Hendriks 等④则对多项目研发活动中的人力资源配置的最优效率问题进行了有益的探讨。Liu，Chen⑤ 运用数据包络分析（DEA）方法建立了研发资源配置相对效率评估的二维测度模型，对以往关于研发资源配置效率测度的一维模型进行了改进。Busom，Fernández-Ribas⑥ 则运用博弈论中的合作博弈模型，对研发活动中的多主体合作问题进行了研究。发现政府的研发补贴政策对企业的研发战略具有显著的影响。当补贴力度加大，补贴方式更趋于灵活时，企业与公共研发机构或其他企业组建合作研发机构的概率明显增加。

目前国外关于宏观层面的科技资源配置研究主要强调科技政策对科技资源配置的指导作用，一般采用定性研究与定量评价相结合的分析方法，对国家的科技资源配置现状、科技政策执行的效果等内容进行了纵向、横向的比较分析，提出了有益的建议。但是目前国外关于科技资源配置的研究大都偏重于应用研究，而对科技资源配置的理论研究则较少涉及，尚未形成关于科技资源配置的完整的理论体系。

---

① Merrill S B. Practical R&D project prioritization[J]. Research Management, 1994, 37(5):38－42.

② Schmidt R L. A stochastic optimization model to improve production planning and R&D resource allocation in biopharmaceutical production processes[J]. Management Science, 1996, 42(4):603－617.

③ Kent F H, Malcolm A W, Sangman K. Allocating R&D resources: a quantitative aid to management insight [J]. Research Technology Management, 1999, 42(4):44－50.

④ Hendriks M H A, Voeten B, Kroep L. Human resource allocation in a multi-project R&D environment[J]. International Journal of Project Management, 1999, 17(3):181－188.

⑤ Liu Chun-Chu, Chen Chia-Yon. A two-dimensional model for allocating resources to R&D programs[J]. Journal of American Academy of Business, 2004, 5(1/2):459－473.

⑥ Busom I, Fernández-Ribas A. The impact of firm participation in R&D programmes on R&D partnerships[J]. Research Policy, 2008, 2(37):240－257.

三、研究方法与技术路线

1. 研究方法

（1）文献研究法

文献研究法是本研究中最基本也是使用最多的研究方法，将贯穿整个研究过程。通过对相关文献资料的收集、整理和分析，运用资源配置理论、新制度经济学理论、产权理论和公共选择理论等相关理论和分析方法，对科技资源配置及效率的基本概念进行重新界定，构建起科技资源配置效率研究的理论分析框架。此外，通过文献查阅，研究了解国内外在本领域的研究现状和发展动态，比较科技资源配置效率评价的各种理论与方法；然后通过重点剖析新中国成立以来不同历史阶段我国科技资源管理体制，以及对我国现行科技资源配置相关政策法规进行系统梳理和评价，对科技资源产权制度及管理体制在科技资源配置效率中的作用机理、影响因素与关联效应等进行深入分析。

（2）规范研究与实证研究相结合

运用规范分析的方法，对省域科技资源配置效率评价的基本理论、基本范畴，包括科技资源配置效率的内在属性、本质特征、构成要素和驱动因素，省域科技资源配置效率评价的本质、主体、特征和功能及省域科技资源配置效率评价指标体系和评价模型进行规范性研究。运用模糊综合评价法、三阶段DEA评价法对中部六省科技资源配置效率进行实证研究，分析影响和制约配置效率的关键因素。

（3）问卷调查法

为理清各因素对省域科技资源配置效率的影响程度以及各影响因素之间的相关关系，本书拟围绕省域科技资源配置效率影响因素的概念模型，设计省域科技资源配置效率影响因素调查问卷及其测度，以科技局、经济技术开发区科创中心等为调查单位，以在部门从事科技创新服务、科技统计分析的工作人员为调查对象，通过电子邮件、直接登门造访等方式进行问卷调研。

2. 技术路线

本书以省域科技资源配置效率评价的理论基础→体系、模型→实证分析→提升策略为主线，由低到高分为四个逐层递进的层面展开研究。如图0.1所示，省域科技资源配置效率评价的理论基础层面是研究的逻辑起点；构建一个比较完整、比较科学的省域科技资源配置效率评价的指标体系和评价模型是研究的逻辑重点；利用该指标体系和评价模型，对中部六省科技资源配置效率进行实证评价，利用结构方程模型，分析省域科技资源配置效率的影响因素是研究的逻辑延伸；在实证分析的基础上，探索切实可行的省域科技资源配置效率提升策略，是研究的逻辑终点。

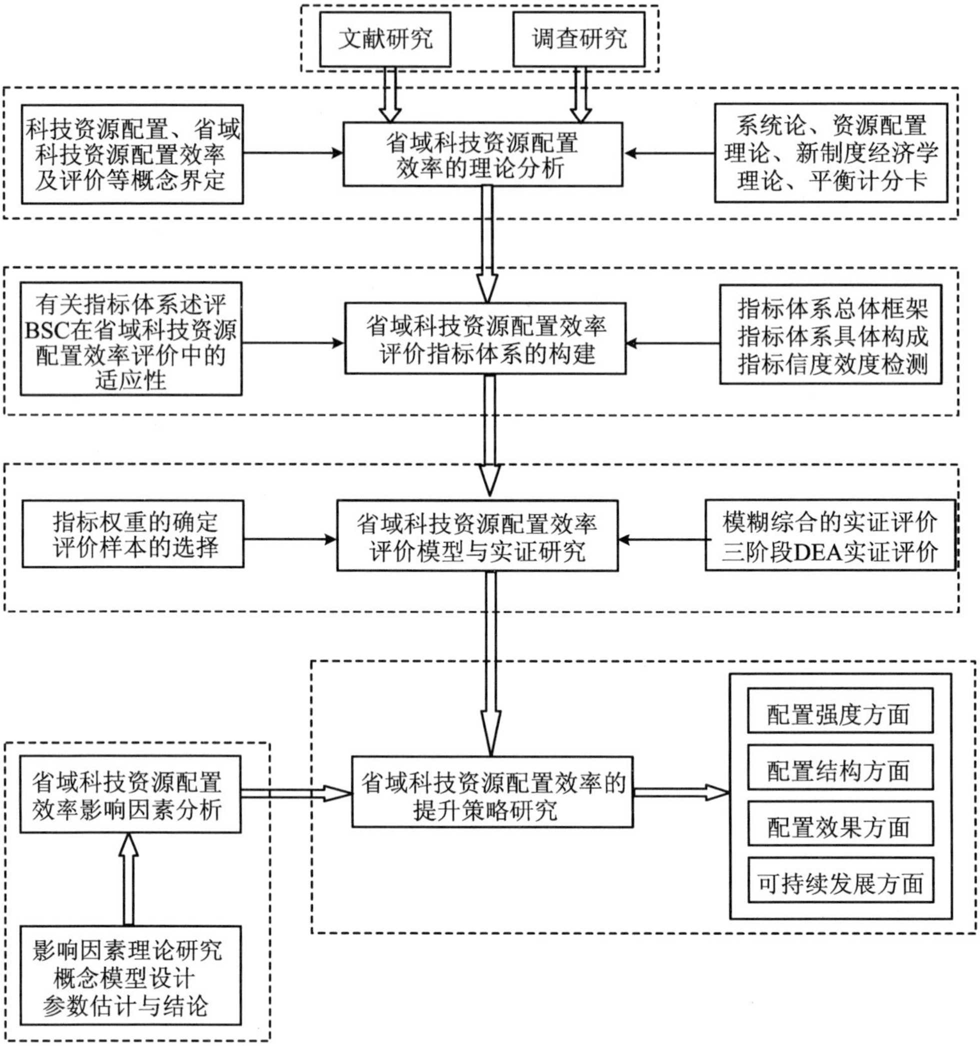

图 0.1　本书的技术路线图

四、创新之处

本书有以下五个创新点。

(1) 对省域科技资源配置效率的内涵进行了重新认识,认为省域科技资源配置效率至少包含三层含义,即总体效率、技术效率和规模效率。省域科技资源配置的总体效率是指在省域范围内，科技资源管理主体对科技人力资源、科技财力资源、科技物力资源、科技信息资源等科技资源各要素的投入力度、对科技资源配置结构进行定位的有效程度，以及将科技资源分配到特定对象和各种不同发展方向上所产生的直接效益与间接效益。总体效率反映科技资源配置强度、配置结构及配置效果的总体情况，是对科技资源配置过程及结果的描述与刻画，是对省域科技资源配置效率的总体衡量。省域科技资源配置的技术效率是指在既定的科技资源投入情况下，科技资源产出水平是否达到了最大，或者说能否用更少的科技资源投入而获得不少于现有的科技资源产出，及用现有的科技资源投入能否获得更多的科技资源产出，也就是在一个省域内运用何种方式能够使得可支配的科技资源发挥的作用最大化，用既定的科技资源要素最大化地生产科技资源产出。省域科技资源配置的规模效率是指在当前科技资源投入的基础上增加一定科技资源投入量，科技资源产出量是否有更高比例的增加，若在当前科技资源投入的基础上增加一定科技资源投入量，科技资源产出量有更高比例的增加，则为规模效率递增；若在当前科技资源投入的基础上增加一定科技资源投入量，科技资源产出量的比例在下降，则为规模效率递减。这种认识相对于单从投入产出之比来判断科技资源配置效率更科学、更合理，更能反映科技资源配置的实际效果。

（2）利用 BSC 的思路设计，从科技资源配置强度、科技资源配置结构、科技资源配置效果三个维度，设计了由 7 个一级指标、26 个二级指标构成的科技资源配置效率评价体系，比现有的评价指标更系统、更科学。

（3）构建了省域科技资源配置效率三阶段 DEA 评价模型，包括省域科技资源配置效率第一阶段 DEA 评价模型、第二阶段 SFA 回归模型和第三阶段 DEA 评价模型，并对中部六省科技资源配置效率进行实证分析，弥补了传统的 DEA 方法在评价科技资源配置效率时所存在的缺陷。

（4）运用结构方程模型，设计省域科技资源配置效率的影响因素的概念模型及调查问卷，对科技资源活动的相关人员进行调查，对调查结果进行数据分析、参数验证，以判断各隐变量与显变量之间的内在关系，并对影响省域科技资源配置效率的关键因素进行分析。这种研究方法比现有的定性研究更为客观。

（5）在实证研究的基础上，运用理论分析方法，从科技资源配置强度、科技资源配置结构、科技资源配置效果、科技资源可持续发展四个方面，分析如何提升省域科技资源配置效率，更具有针对性和实用性，弥补了以往仅仅基于定性分析或简单定量分析来进行效率提升的对策研究之不足。

第一章　省域科技资源配置效率评价的理论分析

本章在探讨科技资源、科技资源配置、科技资源配置效率的内涵，及科技资源配置效率与相关概念关系的基础上，分析系统论、资源配置理论、新制度经济学理论、平衡计分卡理论对科技资源配置效率评价的借鉴作用，为省域科技资源配置效率的评价与策略提升研究奠定理论基础。

第一节　省域科技资源配置的理论分析

一、科技资源的界定

随着科学技术的迅猛发展，科学技术在促进经济发展中的作用不断增强；各国竞争的焦点不断前移，已经由经济领域的竞争演变为科技领域的竞争。作为科技活动基础的科技资源的作用逐渐被认识并被赋予了“第一资源”的历史地位。

1. 科技资源的内涵

关于科技资源的内涵，国内外学者众说纷纭，有“二元论”“四元论”“五元论”等观点。美国国家科学基金会与日本学术振兴会联合制订的科技资源调整计划把科技资源分为科技人力资源和科技财力资源。美国科学研究者马尔（M. Mar）认为，所谓科技资源，是指科技生产活动中的诸投入要素，包括科技人力、科技财力、科技装备和科技信息，马尔赞同从“四元论”的角度来考察科技资源，但同时又认为，科技财力资源与科技人力资源的最佳配合，是科技资源得到最优利用的关键条件。法国经济学家施威（K. Schwe）认为，科技政策与科技管理是重要的科技资源之一，是一种无形的科技资源，因而科技资源应当包括科技人力资源、科技财力资源、科技装备资源、科技信息资源、科技政策与管理资源五方面，即所谓的科技资源“五元论”。国外还有一些学者对科技资源的概念与内涵提出了一些不同的看法，如以色列的哈密尔顿(S. Halmtlion)认为,就宏观而言,一个国家的科技成果存量(R&D Stoke)是重要的科技资源之一;就微观而言,企业的技术储备是企业的十分重要的科技资源。英国哲学家汉斯(C. Hnas)认为,科技资源具有层次性和相对性,基础研究成果是应用研究活动的科技资源;而应用研究成果无疑是开发研究活动的科技资源。

国内学者周寄中认为,科技资源是科技活动的物质基础,是创造科技成果、推动整个经济和社会发展的要素集合,包括科技人力资源、科技财力资源、科技物力资源和科技信息资源四个方面①。朱付元认为,科技资源是由科技资源各要素及其次一级要素相互作用而构成的系统,包括科技人力资源、科技财力资源、科技物力资源、科技信息资源以及科技组织资源等要素的总和②。师萍等将科技资源体系作为一个独立的系统划分为科学技术所形成的坚实核心、专业技能系统、技术市场和制度界面四个部分③。丁厚德认为,在知识经济时代,科技资源在生产要素资源中起主导作用,它是形成社会财富最重要的资源;科技资源包括科技人才、科技活动资金、科学研究实验(试验)装备、科技信息,汇集于科技活动单位(大学、研究院所、企业、科技服务机构),联合发挥有机的、系统的作用④。孙宝风等认为,科技资源是能直接或间接推动科学技术进步从而促进经济可持续发展的一切资源,包括一般意义的劳动力、专门从事科学研究人员、资金、科学技术存量、信息、资源等⑤。钟荣丙认为,广义的角度,科技资源是指与科技相关的所有自然资源和社会资源,狭义的角度,科技资源是指直接影响科技进步和发展的自然资源和社会资源,包括人力资源、实物资源、资金资源、信息资源和制度政策资源⑥。李建华等基于系统论的视角,将科技资源视为一个整体,并指出其对科技活动的支撑作用的实现依赖于科技财力资源、科技人力资源、科技物力资源、科技信息资源等各类资源相互间的协调、配合、共同作用,包括基础性核心科技资源要素子系统和整体功能性科技资源要素子系统。其中,基础性核心科技资源要素子系统由科技人力、科技财力、科技物力和科技信息等四类资源要素构成;整体功能性科技资源要素子系统

① 周寄中.科技资源论[M].西安:陕西人民出版社,1999.

② 朱付元.我国目前科技资源配置的基本特征[J].中国科技论坛,2000(2):75-77.

③ 师萍,李垣.科技资源体系内涵与制度因素[J].中国软科学,2000(11):55-56.

④ 丁厚德.科技资源配置的战略地位[M].北京:中国经济出版社,2001.

⑤ 孙宝凤,李建华.基于可持续发展的科技资源配置研究[J].社会科学战线,2001(5):36-39.

⑥ 钟荣丙.整合科技资源,促进地方科技发展[J].技术经济,2006(7):11-12.

则包括科技市场、科技制度和科技文化等三类资源要素①。

可见，学术界对科技资源内涵的界定还存在一定争议。科技是“科技”与“资源”合成的概念。“科技”，即“科学”与“技术”的统一。“科学”一词源于中世纪的拉丁文“scientia”，后来衍生成英文“science”，其本意是指学问、知识。发展到现代，其内涵逐渐确定为人类关于自然和社会发展客观规律的知识体系。“技术”一词是古希腊文“teche”与“logos”的合成，前者意为“工艺、技能”，后者意为“系统的论述、学问”。发展到今天，技术一般指人类在生产、科学实验和社会活动中认识和改造自然和社会的过程中所积累起来的经验及技能。科学的任务是发现并增加人类的知识财富，技术的任务是发明、创新从而增加人类的物质财富。科学是技术的理论源泉，是潜在的生产力，技术是物化的科学，是现实的生产力。

资源经济学理论的鼻祖阿兰·兰德尔将资源定义为“由人发现的有用途和有价值的物力”②。这些理解显然是将科技资源仅界定为自然资源。钟契夫教授应用马克思主义的观点对资源内涵进行了系统的阐述，他认为，资源是供人们从事生产和经济活动的东西，广义的资源包括自然资源和社会经济资源，自然资源和人力资源是人类社会最原始、最基本的两大资源，其中人力资源是社会经济资源中的核心资源，是一切资源中最宝贵的资源③。史忠良等在《资源经济学》一书中将资源定义为“自然界及人类社会中一切为人类所用的资财”④。这里的资源包含自然资源和经济资源。随着人类社会的发展，资源的概念不断被拓展和泛化，各种社会要素逐渐被纳入到资源的内涵中，从而形成了既相互独立又相互联系的六大资源子系统：自然资源、经济资源、文化资源、人力资源、政治资源和制度资源，后五种资源是人类社会的劳动成果，又统称为社会性资源⑤。可见，学术界对资源的认识是从自然资源、经济资源到社会资源而逐渐深入的。

根据各方面的研究，本书认为科技资源是进行科技活动所需的资源，是科技活动的基本条件，是科学研究和技术创新的各种生产要素的集合。准确理解科技资源的概念，需要从三个方面把握。首先，科技资源是一切服务于科技活动的自然和社会资源的总和，即其中部分内容属自然资源，部分内容属社会资源；其次，从社会再生产的角度看，科技资源不仅包括投入到科学研究和技术创新过程中的条件——财力、人力、物力和知识信息等，而且包括科学研究和技术创新的产出——

① 李建华，刘玲利，吴晟，等．科技资源配置决策支持系统的构建和设计[J]．情报杂志，2007(4)：51－54.

② 阿兰·兰德尔．资源经济学[M]．北京：商务印书馆，1989.

③ 钟契夫．资源配置方式研究[M]．北京：中国物价出版社，2000.

④ 史忠良，肖四如．资源经济学[M]．北京：北京出版社，1993.

⑤ 韦正球．大资源观初探[J]．学术论坛，2006(2)：63－66.

科技成果；再次，科技资源具有经济性和社会性，一方面科技活动涉及资源的投入产出以及资源配置的种种问题，与经济活动息息相关；另一方面科技活动都是具有社会属性的科技人员采用其他相关科技资源进行的创造活动，目的是为了促进社会发展进步，具有社会属性。

2. 科技资源的主要内容

目前，国内学术界比较普遍的看法是，科技资源可以划分为科技财力资源、科技人力资源、科技物力资源、科技知识信息资源四个方面。

科技财力资源是指开展科技活动的经费，主要用于科学研究与实验发展、科研成果应用推广及科研服务活动等，它是进行科研活动的基础。科技财力资源的来源主要有四个方面：一是政府财政科技拨款，包括中央政府和各级地方政府通过科学事业费、科技三项费、科研基金费等形式拨付款项支持科技发展；二是企业的科技经费，企业为提高研发水平、创新产品而投入的研发资金；三是金融机构向科研机构提供的科研贷款；四是来源于企业以外的各类机构的自有资金。当前，政府的财政科技拨款和企业研发资金投入是我国科技财力资源最重要的两种渠道来源。

科技人力资源是指从事科技活动的人员，包括直接从事科技活动和为科技活动提供直接服务的人员。作为人力资源的一个特殊群体，科技人力资源不仅具有再生性、周期性、增值性等人力资源的共性，而且具有高智力性、高创新性、高流动性等特殊性。根据我国科技统计标准，我国科技人力资源主要指科技活动人员、科学家和工程师、R&D 活动人员。其中，科技活动人员是指直接从事科技活动以及专门从事科技活动管理和为科技活动提供直接服务的累计实际工作时间占全年制度工作时间 10%及以上的人员。科技活动人员是一个综合性的概念，包括了科学家和工程师，也包括了 R&D 活动人员。科学家与工程师指科技活动人员中具有高、中级技术职称（职务）的人员和不具有高、中级技术职称（职务）的大学本科及以上学历人员。R&D 人员指调查单位内部从事基础研究、应用研究和试验发展三类活动的人员，包括直接参加上述三类项目活动的人员以及这三类项目的管理人员和直接服务人员。

科技物力资源是指各种科研仪器、设备、物质资源等科研基础设施和科技条件平台等，主要分布于各类研究机构、大学、企业中的技术开发机构、科技服务机构、国家重点实验室、中试基地、工程研究中心等。

科技信息资源是指以知识信息形态表现的各种科学研究和技术创新的成果，其主要载体为科技文献、期刊、专利、数据库等，且现代科技信息资源载体形式有日益多样化的趋势。

3. 科技资源的性质

科技资源是一个内涵丰富的概念，内涵的丰富性决定了性质的广泛性。科技资源的本质是资源，因而具有一切资源所具有的稀缺性、需求性和选择性等特征。但作为科技活动的基本条件和所需资源，科技资源具有特殊的用途，因而有不同于一般意义上的资源特性，具有其特殊的性质。智慧性，即科技资源成果的形成是建立在人类长期以往的历史积淀和具有创新性的智慧结晶基础之上，更多地融进了人类的智力因素，因而具有智慧性特征；较大的增值性，即科技资源的投入往往能够产生大大超过其自身价值的价值；收益的递增性，即科技资源可以反复投入使用，而不存在有形磨损，可带来的是更多的回报；长效性，即从科技到生产，并最终取得经济效益是一个相对较长的过程。外部性特征，即科技资源投入产生的成果具有非排他性：对社会而言，其具有正的外部性；对科技活动主体而言，则具有负的外部性。

二、科技资源配置的内涵

相对于人类需求而言，资源总是表现出相对的稀缺性，正是因为资源的相对稀缺性决定了资源配置问题成为经济学研究的核心问题。资源配置，即为了用最少的资源耗费，获得更多的产出、获取最佳的效益，而对经济中的各种资源，包括人力、物力、财力在各种不同使用方向之间进行的分配。科技资源配置问题的产生同样源于科技资源的稀缺性特征，但科技资源的配置问题又不同于普通经济资源的配置，科技资源的配置既要符合经济的运行规律，同时，又要符合科技发展本身的运行规律。

科技资源配置，是在特定的时空条件下，科技资源管理主体按照一定的方式方法将拥有处置权的科技资源各要素，包括人力、财力、物力、信息等，按适当的组合分配到特定对象和各种不同发展方向上去的过程与结果，即科技资源在不同科技活动主体、学科领域、科技计划、行业部门和时空分布之中的分配与组合。就其范围而言，科技资源配置存在微观、中观以及宏观三个不同的层面。

微观层面的科技资源配置是指具体的某一科技活动主体在其内部如何配置各种科技资源，以便最大限度地提高科技成果产出。微观层面的科技资源配置是科技资源配置体系的基础，以科技活动主体的个体运作为主要特征，通过对科技资源的组织配置，达到提高科技成果产出水平的目标。显然，微观层面的科技资源配置的核心主要涉及微观科研主体的激励机制的协调配套问题。

中观层面的科技资源配置是指在某个地区或某个部门内的科技资源配置，它是整个科技资源配置体系的中间环节，是宏观和微观层面调节的中介和桥梁。强化本地区、本部门内科技与经济的结合力度是中观层次科技资源配置的核心目标。本书对科技资源配置的研究主要限定在这个层面的理论和实证分析。

宏观层面的科技资源配置是指科技资源在全社会范围内，在不同的配置主体、不同科技活动过程、不同的学科领域、不同的行业、地区之间的配置问题。其目标是在全社会范围内通过不断改善和优化科技资源的配置和再配置，促进科技、经济与社会的全面协调发展。

三、科技资源配置的规模、结构与机制

科技资源配置规模是指科技资源要素配置的总量和强度，它表明一个国家或地区在一定时期内所拥有的科技人力、科技财力、科技物力、科技信息资源的多少。科技资源配置的规模大小往往反映出了一个国家或地区对科技活动投入和重视的程度，并在一定程度上决定了这一国家或地区的知识创新和技术创新的水平和质量。因此，科技资源配置必须遵守辩证法量变到质变的普遍规律，科技资源配置达不到一定规模，就不能取得规模效应，在现代科技竞争中将会处于被动地位。科技资源配置的规模与政府的各种政策、行为有重要联系，政府往往通过制定各种科技政策和计划，在宏观上对科技资源的规模进行调控。

科技资源配置结构是指在科技活动过程中，各种现实的科技资源在不同方向上的分配和使用比例，主要包括地区结构、行业结构、客体结构、学科结构等。地区结构是指各种科技资源在不同地区的分配和布局，包括各个国家、各个地区之间的分配结构、不同省（市）之间的分配结构以及农村和城市之间的分配结构。行业结构是指各种科技资源在不同行业之间的分配与布局，表现为科技资源在农业、工业和服务业，以及更进一步细分的行业之间的分配结构。客体结构是指各种科技资源在不同科技资源配置客体（科技资源配置的承接者）之间的分配与布局，即各种科技资源在不同的企业、科研机构和高等院校等之间的分配结构。学科结构是指各种科技资源在不同学科之间的分配与布局，包括在基础研究、应用研究和商业开发研究之间的分配，以及在生物科学、物理科学、化学以及信息科学等具体学科间的分配。科技资源的配置结构是科技资源配置的核心问题，如果配置结构不合理，如某个科技活动过程、科技活动领域或科技活动主体配置的科技资源超过其需要的量，就会造成科技资源的浪费；如果科技资源配置结构得当、科技资源与各种社会资源形成有机组合，它们的使用效率就会得到提高，科技进步对生产、经济的促进作用就会得到体现。

科技资源配置的机制是科技资源要素由分配到使用的运行模式，分为计划配置、市场配置、混合配置三种。

科技资源的计划配置是指各级政府从地区科技发展的需要出发，综合考虑各地区、各部门和各学科的实际情况，通过制定指令性的科技资源配置计划，对资源

进行全局性规划和统筹分配。计划配置方式能够做到从国家的全局利益出发，通盘考虑科技与经济的各环节、各科技领域的发展现实、各部门和各地区的实际情况，促进科技、经济和社会的协调发展。但是，由于管理制度存在缺陷，使得科技资源计划配置模式在调动科研主体积极性、提高科研效率方面的能力不足。

科技资源的市场配置，是指科技资源在市场规律作用下在各行业、各部门、各领域和各地区之间的组合与应用。在市场机制下，科技活动的主体，按照经济利益最大化的要求，依据市场信号，匹配自己的人、财、物。市场配置最大的优点在于，只要依靠市场的自发调节，遵守一定的市场规范，各微观的科技活动主体就能使自身的科技资源处于合理的配置状态。但对基础性科研成果来说，由于其具有公共物品的特性，若单纯依靠市场模式进行配置，则会导致基础性科研成果的严重不足。

混合配置是政府计划与市场需求相结合的混合型资源配置方式，是能够合理搭配计划配置和市场配置两种模式、弥补各自不足的一种科技资源优化配置模式。事实上，在现实的科技活动当中，计划配置与市场配置是科技资源不可分割的两个方面。在微观上，采用市场配置模式，由经济规律指导资源配置，充分调动起各个科研主体的积极性，提高科技资源配置的效率。在宏观上，采用计划配置模式，对全社会的科技资源进行合理分配，使得不同地区、不同学科的科技均衡发展，有效弥补市场配置模式的不足。

第二节 省域科技资源配置效率的理论分析

一、省域科技资源配置效率的内涵

省域是指按照我国现行的行政区划划分标准而划分形成的一个省、自治区或直辖市的空间范围。为叙述方便，书中的“省域”均指“省(自治区、直辖市)域”。根据现代区域发展理论，“省域”可以认为是一个区域概念，但本书将“省域”作为研究的空间范围，而没有使用“区域”这一概念，是因为“省域”比“区域”更符合科技资源配置的规律，更适合我国科技资源管理的实际。

区域的概念最早是在地理学中提出的。按照赫特纳的观点，“区域就其概念来说是整体的一种不断进行的分解，一种地理区划就是地表不断地分解为它的部分”。对于整体的分解，可以有不同的分解办法，分解成不同的系统，其中行政区域与经济区域便是一种典型的分解办法。行政区域是从国家管理的角度认识区域，认为区域是国家管理的行政单元，国家按照需要，划分各类行政区域，形成一个行政体系，这种体系的每个部分，都是一个区域。行政区域是一种管理区域，它包含有地理区的特点，也带有经济区的特征，涉及一个国家的政治、文化、民族、国防、历史等多方面的因素。行政区域与经济区域最大的区别，是行政区域有固定的政府对整个区域进行管理。经济区域则是从经济学的角度来认识区域。经济学认为，区域是国家经济体系中的一个完整的经济地区，具有完整的经济结构和完善的经济运行机制，是一个完整的经济单元。经济单元与行政单元在地域空间上的一致，是我国区域经济发展在目前阶段的一个重要特征，也是区域问题研究一般按照行政区域来进行的重要原因。

把一个省的行政区划范围作为一个区域，从一个省的角度审视科技资源的配置问题，具有以下优势。首先，从纵向看，作为我国行政区划的重要组成部分，省级行政区域对上隶属中央，可及时将国家各项科技计划、科技政策转化为本区域的科技发展指导思想和实际行动方案；对下统领各级市、县、镇，可结合本区域的特点统筹分配各类科技资源，提高科技资源的使用效益。其次，从横向看，在省域范围内经济、文化、人力资源等方面较为接近，但省域之间发展不平衡，经济和社会条件存在很大差异，从一个省的角度研究科技资源的配置，可有针对性地发现省域科技资源配置所存在的问题，及如何采取措施。再次，科技资源配置既需要科技计划、科技政策作为支撑，又需要有完善的法律法规作为保障，需要造就一种公平竞争的制度环境和市场秩序，这些都需要省级政府在区域内进行规划与制定。因此，省域层面是我国科技政策的贯彻者，是区域科技配置政策法规的制定者，是提高我国科技资源配置效率的根本支撑和核心载体。

1. 效率的一般含义

作为一般概念的“效率”包含两种含义，一是机械、电器等工作时，有用功在总功中所占的比例；二是单位时间内完成的工作量。当然，这是物理学上在评价机械或电器等工作效率常用的公式，它也可以应用于社会科学，只不过社会现象受许多因素的影响，非常复杂，不可能像自然科学那样固定用某些因素而单独分析另一些因素影响。根据效率的两种含义，效率实际上包括四个方面的内容：一是过程，即由因素到效果的作用过程，这是效率所要评价的对象；二是效果，即由某种力量、做法或因素产生的结果，是研究者所关注的结果；三是产生效果的要素数量，即效果产生的某种因素投入或投入总和；四是效果与要素的对比，它用对比的结果来反映过程的运行状态。因此，效率是评价一个过程的运行状态的指标之一，它是效果与产生效果的要素对比的结果。如果效果和投入均可以用数量指标衡量，并用比值的方法进行对比，那么效率就是效果与产生效果的要素的比值。当然，一个过程的投入可能不止一种要素，产生的效果也可能是多方面的，进行具体计算时，分子是研究者所“关注的”效果，分母则是所关注的、产生效果的要素数量。那么，在应用效率的概念时，需要根据研究目的适当地选取分子和分母。

2. 效率的经济学含义

在经济资源稀缺性普遍存在的前提下，要满足人类日益增长的需求，就需要提高资源的利用程度。如何利用有限的资源生产出尽可能多的产出以适合人类需求，就是效率的问题，这也是经济学研究的核心问题。经济学意义上的效率有“技术效率”“配置效率”和“X 效率”三种含义。

“技术效率”是指在既定的投入下追求最大的产出水平，即一个部门、一个生产单位或一个区域运用何种方式使得自己可支配的稀缺资源发挥的作用最大，用既定的生产要素最大化地生产出产品，以避免浪费。技术效率的概念最早由 Koopmans 提出，他认为如果在不减少其他产出（或增加其他投入）的情况下，技术上不可能增加任何产出（或减少任何投入），则该投入产出向量是技术有效的，技术有效的所有投入产出向量的集合构成生产前沿面①。1957 年，英国剑桥大学的经济学家 Farrell 从投入角度将技术效率界定为在生产技术和市场价格不变的条件下，按照既定的要素投入比例，生产一定量产品所需的最小成本与实际成本的百分比②。1966 年，Leibenstein 从产出角度给出技术效率的定义：“技术效率是指实际产出水平与在相同的投入规模、投入比例及市场价格条件下所能达到的最大产出量的百分比③。”

“配置效率”指的是以何种方式在不同区域、不同行业、不同生产单位之间对有限的经济资源进行分配，即以何种方式使得每种资源能有效合理地分配于使其发挥最大作用的方面和方向上。判别资源配置效率的标准是帕累托效率，帕累托最优或称帕累托准则的含义是：当且仅当该经济体系中不存在一种可供选择的可行状态，能使得至少一个人或者一个主体的境况更好，但同时不会令别人或其他主体的境况变差，此时即为达到帕累托最优。

“X 效率”指的是经济活动主体内部非生产技术的运作效率，其中“X”代表造成非配置（低）效率的一切因素。“X 效率”是由美国经济学家哈维 · 莱宾斯坦于 20 世纪 70 年代和 80 年代创立和发展起来的。莱宾斯坦认为“X 效率”是客观存在

---

① Koopmans T C. An analysis of production as an efficient combination of activities[C]// Koopmans T C. Activity analysis of production and allocation：cowles commission for research in economics. New York：Wiley，1951，13：1029 - 1033.

② Farrell M J. The measurement of production efficiency[J]. Journal of Royal Statistical Society：Series A，General，1957，120 (3)：253 - 281.

③ Leibenstein H. Allocative efficiency vs “X-efficiency”[J]. Am. Econ. Rev.，1966，56：392 - 415.

的，这主要是因为：① 劳动合同不具有完备性；② 市场不是什么都可以交易；③ 生产函数并不是事先确定的；④ 不完全竞争的市场；⑤ 人是具有惰性的。莱宾斯坦也说过："显然，除了我们可以轻易观察到的那些投入要素外，还有更多的一些因素会影响到产量。例如，管理水平，企业的经营环境和其他一些动机因素等等。"因此，"X效率"的存在是不可避免的，是经济单位没有充分利用现有的资源的一种状态。

3. 省域科技资源配置效率的含义

本书认为，由于省域科技资源配置的特殊性，不适合将省域科技资源配置效率简单界定为科技资源投入与科技资源产出的比值。首先，省域科技资源的投入包括科技人力资源、科技财力资源、科技物力资源及科技信息资源等多方面的投入，简单的投入产出之比，很难判断出各类科技资源的配置强度是否合理、各类科技资源之间的配置结构是否科学，而且还可能出现投入不足但效率很高的情况。其次，省域科技资源的产出既包括基础研究、应用研究及技术开发方面的成果，也包括知识形态的成果、科技转化成果及经济结构优化方面的效果，简单的投入产出之比，也很难判断出哪方面的效果好、哪方面的效果差，以及在配置强度既定的情况下，科技资源产出是否最大化。再次，省域科技资源的配置目标具有多元性，既有高校、科研院所、企业的科技发展方面的目标，也有各级地方政府科技发展方面的目标；既有基础研究、应用研究方面的目标，也有产品开发方面的目标；既有宏观目标，又有中观目标，还有微观目标，简单的投入产出之比，很难判断出各类目标的实现情况。

基于以上的理解，本书认为科技资源配置效率，是指在省域范围内为促进经济社会可持续发展及科技与经济社会发展的良性互动，科技资源管理主体按照一定的方式方法将科技人力资源、科技财力资源、科技物力资源、科技信息资源等科技资源要素按适当的组合分配到特定对象和各种不同发展方向上的有效性，以及由此所获得的各种配置结果的效益性，即科技资源配置效率是科技资源配置过程的有效性与配置结果的效益性的综合。省域科技资源配置效率至少包含三层含义：总体效率、技术效率和规模效率。省域科技资源配置的总体效率是指在省域范围内，科技资源管理主体对科技人力资源、科技财力资源、科技物力资源、科技信息资源等科技资源各要素的投入力度、对科技资源配置结构进行定位的有效程度，以及将科技资源分配到特定对象和各种不同发展方向上所产生的直接效益与间接效益的总和；总体效率反映科技资源配置强度、配置结构及配置效果的总体情况，是对科技资源配置过程及结果的描述与刻画，是对省域科技资源配置效率的总体衡量。省域科技资源配置的技术效率是指在既定的科技资源投入情况下，科技资源产出水平是否达到了最大，或者说能否用更少的科技资源投入而获得不少于现有的科技资源产出，及用现有的科技资源投入能否获得更多的科技资源产出，也就是在一个省域内运用何种方式使得可支配的科技资源发挥的作用最大化，用既定的科技资源要素最大化地获得科技资源产出。省域科技资源配置的规模效率是指在当前科技资源投入的基础上增加一定的科技资源投入量，科技资源产出量是否有更高比例的增加，若在当前科技资源投入的基础上增加一定的科技资源投入量，科技资源产出量有更高比例的增加，则为规模效率递增；若在当前科技资源投入的基础上增加一定的科技资源投入量，科技资源产出量的比例在减少，则为规模效率递减。

总体效率反映科技资源配置强度、配置结构及配置效果的总体情况，而技术效率反映的是配置效果是否最大化问题，规模效率反映的是配置强度是否最合理问题，三者的结合才能完整地衡量一个地区科技资源配置的真实情况，才能全面地反映一个地区科技资源配置的具体情况。因此，本书从“总体效率”“技术效率”和“规模效率”三个方面，设置科技资源配置效率评价指标和评价模型，对省域科技资源配置效率进行评价。

二、省域科技资源配置效率与配置能力的区别

准确理解科技资源配置效率的内涵，还需要将其与另一个相关概念科技资源配置能力进行比较分析。关于科技资源配置能力的内涵，周勇等认为区域科技资源配置能力是在一定区域内，结合区域实际，运用和整合科技资源，创造科技、经济、社会多重效益的能力，是区域科技资源配置强度、配置结构、配置绩效和配置环境的综合体现①。李应博认为科技资源配置能力是科技资源配置主体对科技资源的获取、使用和收益的能力②。依据系统论的观点，区域科技资源配置能力，实际上取决于区域科技资源配置系统的功能，即系统内各构成要素功能的发挥，及各具体功能之间相互作用、相互协同的整体效果。因此，科技资源配置能力是，在一定区域内，结合本区域特点，制定有效的科技政策、培育良好的科研人文环境，促使各种科技要素在不同时空范围内合理分配和使用，确保高效率地产出科技成果，促进科技成果及时转化为生产力的现实和潜在的能力。它包括四方面的内涵：① 制定有效科技政策的能力，比如科技政策制定的价值取向是侧重于“看不见的手”，还是侧重于“凯恩斯主义”，还是两者的结合，区域内产权制度是否完善、对关键领域是否有重点扶持政策等，这些都会直接影响到区域内各主体的资源配置积极性。德国的科技政策就比较关注本国的文化特色与内涵，比如刺激工业创新、对本国的工

① 周勇，李廉水. 基于“非线性”主成分法的区域科技资源配置能力评价分析[J]. 科技管理研究，2006(4)：27－34.

② 李应博. 科技创新资源配置：机制、模式与路径选择[M]. 北京：经济科学出版社，2009.

业给予优先的经费支持、实行有利于提高中小企业灵活性和竞争力的公共计划、对技术转化给予支持与重视等均产生了很好的配置效果。② 科技资源产出能力，即科技资源投入产出之比，它强调的是单位产出能力，因而，以此为基础的能力提升，可以在一定程度上避免因科技资源的粗放式投入带来的资源浪费，从而有利于实现科技投入的集约化，提高科技资源的利用效率。③ 科技成果转化能力，即将科学研究与技术开发所产生的具有实用价值的科技成果进行开发、应用、推广，以形成发展新产品、新工艺、新材料、新产业等的能力。④ 科技资源持续发展能力，即随着外在环境的变化，区域科技资源可持续发展的潜在能力，以及继续改进和创造未来价值的能力，比如科技人力资源的学历与职称、科技人员的学习力、科技人员的创新精神等。

可见，与科技资源配置效率一样，科技资源配置能力也是对科技资源配置过程与结果的状况进行评价。但两者有着明显的区别，① 科技资源配置效率不仅分析配置强度、结构及效果，并把技术效率和规模效率作为评价科技资源配置效果的依据；而科技资源配置能力仅把配置环境、配置结构、配置规模、科技成果转化等纳入到配置能力的评价范畴。② 科技资源配置效率侧重于配置结果，是对已经存在的配置状况进行分析；而科技资源配置能力侧重于配置潜力，是对可能会达到的配置效果进行分析。两者的联系主要表现在，效率是能力提升的前提和基础，对能力的提升起支撑作用；而能力的提升又会进一步提高配置效率。

第三节 省域科技资源配置效率评价的理论基础

一、省域科技资源配置效率评价的内容

评价是管理过程中一项经常性的、极为重要的活动，是通过多个因素或多个指标对某一对象所进行的综合判断。省域科技资源配置效率评价是运用科学的标准、方法和程序，对省域科技资源配置过程中的效率及进行评定。这实际上包括三个方面的评价。

其一，对科技资源配置"总体效率"的评价，即评价在省域范围内，根据经济社会发展的需要，对科技人力资源、科技财力资源、科技物力资源、科技信息资源等科技资源各要素的支持力度、对科技资源结构进行定位的科学程度，及其分配到特定对象和各种不同发展方向上所产生的效益是否达到了预先设定的阈值的评价。

其二,对科技资源配置"技术效率"的评价,即评价在既定的科技资源投入下,科技资源产出水平是否达到了最大。对"技术效率"评价的核心思想是,根据已知的一组科技资源投入产出观察值,定义出所有可能的投入产出组合的外部边界(生产前沿面),使所有观察值均在边界之内,每个观察值与边界的距离即为该生产点的效率。

其三,对科技资源"规模效率"的评价,即评价在当前科技资源投入的基础上增加一定科技资源投入量,科技资源产出量是否有更高比例的增加。从两方面对科技资源配置效率进行评价,可将科技资源本身是否被充分地使用以及科技资源是否被合理地分配进行结合,有助于将科技资源配置行为的动态性特征更好地体现出来,有助于对科技资源配置行为进行更加有效的评价,进而辅助决策者做出科学合理的配置决策。

二、省域科技资源配置效率评价的特征

1. 目标的多元性

实际上,目标是评价效率的一个重要标准。通过明确阐述评价目标,并建立表示这些目标实现程度的各种具体指标,可以评价目标的正确与否以及实现目标的程度。省域科技资源配置效率评价的目标是多元的,既有高校、科研院所、企业的科技发展方面的目标,也有各级地方政府科技发展方面的目标;既有基础研究、应用研究方面的目标,也有产品开发方面的目标;既有宏观目标,又有中观目标,还有微观目标;既有战略目标,又有近期目标等等。对这些多元目标的选择和权重排序,往往受到价值观的左右和权力因素的干扰而难以达成共识。如高校对基础领域研究的目标与企业对应用领域的研究目标可能发生矛盾等。在这种情况下,不同的价值取向会有不同的价值选择,致使不同的目标选择,导致不同的效率评价结论。

2. 产出的特殊性

首先,科技资源产出具有高科技性。科技资源的产出大多数是科技论文和发明专利,而不是有形的可量化的物质产品,其质量如何具有难确定性,它不像企业那样,以追求最大利润为目标,利润是最大的绩效指标,其投资获益率、资金周转率、总资产获益率、市场占有率等都有清晰的量化指标。其次,科技资源产出的效益具有间接性。科技资源的产出滞后于最终的社会效果,它通常是一些中间产品,对最终效益的贡献程度难以捉摸、难以度量。比如,一项专利对经济发展的促进作用到底有多大,需要若干年以后才能完全显现出来。这种时间上的滞后性为科技资源产出效益的度量带来了难度。

3. 评价标准指标的难确定性

评价标准和评价指标的难确定性是导致省域科技资源配置效率评价陷入困境

的一个重要因素。首先，由于科技资源管理具有垄断性和管制性，公众既难获取那些被垄断的信息，又因缺乏横向比较的标准，难以对科技资源配置状况确立科学的或理想的效率评价标准。其次，由于省域科技资源配置涉及很多方面，具有较强的相关性、全面性，难以科学、恰当地确定哪些因素可以构成效率评价的标准和指标，各标准和指标之间的相互关系及权重更难科学、准确地确定。当前正处在经济转轨和社会转型时期，社会管理的各种要素都处在不断变化和调整之中，给科技资源配置效率评价指标的厘定带来困难。再次，即使是科技资源配置效率的某一方面指标，也是多维复杂的，难以科学、准确地确定，如在科技人力资源投入时，单纯以高校、科研院所的科研人员作为指标，就不科学，因为还有大量的企业在从事科研活动；单纯以科学家与工程师作为指标，也不科学，因为还有大量的科技服务人员。

4. 评价信息的稀缺性

从信息论的角度来分析，省域科技资源配置效率评价的过程也就是一个信息的搜集、筛选、加工、输出、反馈的过程。效率评价的有效性，在很大程度上直接取决于信息本身及传输的数量和质量。如果信息不足，则无法全面、准确地评价客体；如果信息失真，则无法做出正确、令人信服的评价结论。因此，科学、准确地评价省域科技资源配置效率，必须获取充足、准确、有用的省域科技资源配置的有关信息。然而，省域科技资源配置效率评价往往缺乏完整的科技资源投入与产出信息。目前各级政府也在进行科技统计，但有些信息，比如科技人员的科研意识和团队意识等，地方政府也难以掌握比较充足的信息。这就从客观上大大增加了省域科技资源配置效率评价的难度。

三、省域科技资源配置效率评价的功能

省域科技资源配置效率评价对于优化省域科技资源配置、提升科技资源利用效率、促进科技创新、推动经济发展等都具有重要而深刻的现实意义。

1. 改善省域科技资源配置效率的依据

管理学家阿姆斯特朗(Armstong)指出："要改进绩效，你必须首先了解目前的绩效水平是什么。""测定是绩效管理的一个关键环节：如果你不能测定它，你就无法改善它。除非在绩效目标实现程度的测定方法达到一致或谅解，否则，一切确定绩效目标或标准的努力都是徒劳无益的。"[①]经济学原理也表明，科技资源是有限的，要把有限的资源用在刀刃上，提高科技投入效益，就必须通过科技资源配置效

① 埃莉诺·奥斯特罗姆. 公共服务产出的绩效指标[EB/OL]. 毛寿龙，李梅，译. http://www.wiapp.org,2002.

率评价，着力解决科技计划缺失和资源配置效率低下的问题，优化科技资源配置结构，集中有限的资源投入到优先发展或重点培育的领域中，推进科技资源在产业、区域、部门等方面布局的均衡化与合理化。

2. 改善省域科技资源配置效率的动力

效率评价是改善省域科技资源配置效率的动力。通过效率评价，可以帮助各科技资源配置主体明确共同目标，激发工作动机和活力，切实增强工作的责任感、使命感和紧迫感；通过效率评价可以使各配置主体的工作人员明确自己的目标责任和使命，明确自己究竟应该干什么、应该怎么干。不进行效率评价，就不能区分工作好坏，就不能鉴定效率的优劣，就不能准确判断配置问题存在什么地方、如何改进。

3. 深化科技管理体制改革及推动机制创新的基础

效率评价有利于深化科技管理体制改革及推动机制创新。由于科技资源配置和管理体系不健全，相关科技资源管理制度不完善，在科技资源管理领域还存在着很多问题，如科技成果剽窃、科技资源的市场寻租等行为。通过科技资源配置效率的评价，有利于准确发现科技资源配置过程中存在的具体问题，有利于建立科学、高效的科技资源管理体制和配置机制，从源头上预防和治理科研腐败，增强科技人员的责任意识，对培养和造就具有创新精神的科技队伍也会起到积极的推动作用。

四、系统论与科技资源配置效率评价

省域科技资源配置实际上是由相互作用的各种科技资源、各科技资源配置主体、各种配置机制和配置方式等构成的包含若干子系统的系统，省域科技资源配置效率的状况，取决于各子系统相互的配合及系统功能的发挥。因此，系统论是省域科技资源配置效率评价与提升的理论基础。

1. 系统的基本原理

“系统”是在自然科学、社会科学和日常生活中被广泛使用的一个术语。目前，人们从各种角度对系统进行的定义，其种类不少于几十种。但近代比较完整地提出系统理论的则是奥地利的贝塔朗菲。20 世纪 20 年代，奥地利学者贝塔朗菲研究理论生物学时，用机体论生物学批判并取代了当时的机械论和活力论生物学，建立了有机体系统的概念，提出了系统理论的思想。根据贝塔朗菲的定义，系统是“处于一定相互联系中的与环境发生关系的各组成部分的总体”，即系统是指由相互联系的若干要素组成，具有特定结构和功能的有机复合体①。在这个定义中包

① 顾源达. 系统理论概要：现代管理方法论[M]. 沈阳：辽宁教育出版社，1989.

括了系统、要素、结构、功能四个概念，表明了要素与要素、要素与系统、系统与环境三方面的关系。系统是由具有相互联系、相互制约关系的若干组成部分结合在一起的，这些组成部分通常被称为子系统，而这个系统本身又是它所从属的更大系统的子系统。系统论的基本原理概括起来主要有整体性原理、联系性原理、动态性原理、有序性原理以及调控性原理。

（1）整体性原理。贝塔朗菲在《一般系统论》中指出：当我们讲到“系统”，我们指的是“整体”或“统一体”。整体性原理是一般系统论的基本原理。系统是由若干要素组成的具有一定新功能的有机整体，各个作为系统子单元的要素一旦组成系统整体，就具有独立要素所不具有的性质和功能，形成了新的系统的质的规定性，从而表现出整体的性质和功能。因此系统的整体性质和功能既不同于构成要素的性能，也不是构成要素性能的简单相加。系统的整体性能决定于其构成要素在时间和空间上相互联系的组合方式和排列顺序。

（2）联系性原理。系统的整体性作为一般系统论的核心是由系统的有机性，即系统内部诸要素之间以及系统与环境之间的有机联系来保证的。这种有机联系称之为有机关联性，即联系性。联系性原理表明，任何具有整体性的系统，其内部诸要素之间的联系都是有机的。要素之间的相互联系、相互作用，共同构成系统的整体。各要素在系统中不仅是各自独立的子系统，而且是组成母系统的有机成员。同时，系统与环境也处于有机联系之中。

（3）动态性原理。系统的有机关联不是静态的，而是动态的。系统的动态性与系统的有机关联性密切相关。系统的动态性一方面是源于系统内部的结构不是固定不变的，而是随时间变化的。另一方面，系统的开放性质，即系统与外界物质、能量、信息的关联、交换也决定了系统的动态性质。系统状态的运动、变化既可以在外部因素的作用下出现，也可以在系统本身的发展变化中出现。但系统运动变化的根本原因在系统的内部，不在系统的外部，在于系统内部的矛盾性。系统内部的矛盾性是系统运动、变化、发展的根本动力和内在原因。系统与环境的相互作用是系统运动、变化、发展的外在原因。任何系统都是一个动态系统，都处在绝对的运动、变化、发展之中。但系统也具有相对静止的稳定性的一面，即系统也存在稳态。系统的进化和发展总是从一种有序稳态跃迁到有序度更高的一种稳态。

（4）有序性原理。系统要素之间的联系和系统状态的变化都不是杂乱无章的，而是秩序井然、有条不紊的，是按照等级和层次进行的，这就是系统的有序性。在系统内，各个要素之间的稳定联系，必然产生在时间和空间上的组合方式和排列顺序。所以，凡是系统都是有序的，无序仅是一种低度的有序。系统的有序性是系统有机联系的反映，没有普遍联系，就无所谓组织秩序。系统的组织程度和有序程度是用信息量或熵来度量的。信息量是系统有序化程度的度量,熵则是系统无序化程度的度量。系统的发展进化总是从无序走向有序、从简单到复杂、从低级到高级,向着增加信息量的方向发展。

(5) 调控性原理。系统的稳定性是系统存在的根本条件。而系统的这种稳定性又是通过负反馈控制实现的。负反馈控制是系统稳定性的机制。系统总是要适应外界环境的变化而变化,而系统的这种适应性又是通过正反馈控制完成的,系统正反馈是系统适应性的机制。组成系统的各个子系统之间的协同工作,合作竞争,是系统从无序走向有序的根本原因。而子系统要协同工作,又需要子系统之间进行协调控制。所以,任何稳定有序的系统都具有调控性,都具有自我调节、自我控制的能力。

2. 系统论对科技资源配置效率评价的意义

系统论是科技资源配置效率研究的理论基础,其对本书研究的指导意义主要体现在以下几个方面。

(1) 根据整体性原理,科技资源是包括科技人力资源、科技财力资源以及科技基础条件资源在内的科技资源综合体系,提升科技资源的配置效率,必须综合考虑各类科技资源的功能以发挥其协同作用。

(2) 根据联系性原理,政府、高校、科研院所及企业等科技资源配置主体之间相互联系、相互作用,构成一个子系统,要提升科技资源配置效率,必须调动各主体的积极性。

(3) 根据动态性原理,要使科技资源发挥出"整体大于部分之和"的功效,就必须不断调整科技资源配置系统的整体结构,使其与外界环境进行有效的物质、能量和信息的交换,正确搭配科技资源各要素的比例关系、完善已有的组织架构、提供有效的制度供给,才能使系统不断地发展壮大①。

(4) 根据有序性原理,科技资源配置系统只有同外界环境不断进行有效的物质、能量与信息的交换,系统才有可能从无序走向有序,才能提高科技资源的配置效率,进而有效地发挥其对科技活动的基础性作用。

(5) 根据调控性原理,科技资源配置系统处于一定的外界环境中,不断地与外界进行着物质、能量与信息的交换。环境对科技资源要素配置系统的输入,不断地影响、改变着系统内科技资源要素的发展方向与累积速度,影响着系统的行为特征。当资源的输入大于压力的输入时,环境会给系统提供有效的资源供应,以利于科技资源要素的积累与发展,从而提高科技资源要素的配置效率,进而使科技资源

① 李建华,刘玲利,吴晟,等.科技资源配置决策支持系统的构建和设计[J].情报杂志,2007(4):51-54.

行为特征体现出环境的特性。

五、资源配置理论与科技资源配置效率评价

1. 资源配置理论的基本内涵

资源，从经济学的角度分析，具有需求性、稀缺性和可选择性等特征。正是由于资源具有这些特征，资源配置问题才成为经济学研究的核心内容，资源配置的效率才成为人们关注的焦点。资源配置理论的发展过程，也是对如何优化资源配置、提升资源配置效率，如何实现既定的资源投入情况下产出最大或既定产出水平下投入最小的过程。

（1）古典经济学关于资源配置理论的研究。在古典经济学的经典著作《国富论》中，亚当·斯密对稀缺资源配置的市场机理及其作用进行了研究，提出了市场配置稀缺资源的“看不见的手”的理论。亚当·斯密认为，在经济自由的条件下，自然存在一种调节机制引导实现资源的优化配置，亚当·斯密称之为“看不见的手”。“看不见的手”发挥资源配置作用的机制源于每个经济个体在经济自由的条件下对自身利益的追求，即“个人的利益与情欲，自然会使他们把资本投放在通常最有利于社会的用途”。总之，古典经济学关于资源配置效率的问题，其核心观点是：市场作为资源配置的动力机制，通过利益诱导实现对社会资源的配置，从而有利于资源配置效率的提高。

（2）新古典经济学关于资源配置理论的研究。资源稀缺性假设是新古典经济学展开经济分析的基本前提。他们认为，正是由于资源的稀缺性，才会产生人类社会所共同面临的三大基本经济问题。生产什么、如何生产以及为谁生产，同时也正是由于人类欲望的无限性与资源的有限性，才使得人们不能不考虑在各种可相互替代的方法中选择一种最好的方法去使用资源。

为了论证市场可以有效地配置资源，新古典经济学采用了特定的基本分析方法与基本假设。新古典经济学以“经济人假设”“完全理性假设”以及“完全竞争市场假设”为其展开理论分析的逻辑起点。同时，新古典经济理论还假定消费者偏好、技术、经济体制等皆为既定的外生变量等等。如何评判一个经济体的资源配置是否有效，即资源配置评判的标准问题就成为理论上无法回避的问题。意大利经济学家帕累托（Pareto）在关于经济效率与收入分配的研究中提出了判断资源配置是否处于最优状态的理论标准，即帕累托最优（Pareto Optimality）。帕累托最优描述了资源配置的一种理想状态：假定固有的一个群体和可分配的有限资源，从一种分配状态到另一种分配状态的变化中，在没有使任何人境况变坏的情况下，也不可

能再使某些人的境况变好，这种资源配置的状态即为帕累托最优状态[①]。帕累托最优在理论上是完美的，但其严格的理论假设使得帕累托最优理论与现实情况不符。因为在现实社会经济变革中，一部分社会成员因变革获得利益，而一部分社会成员的利益相应受损则是常态。希克斯、卡尔多根据现实中一部分人福利增加而另一部分人福利减少的状态，提出了"潜在帕累托最优状态"的概念。即在变革必然使得一部分人福利增加而另一部分人福利减少的情况下，若得者可以补偿失者的损失，并仍然感觉境况有所改善；或者不进行变革，失者因此可以补偿得者，并且失者在补偿得者后并不觉得境况相较于变革后更坏。这两种状态同时得到满足的状态即为潜在帕累托最优状态。

2. 资源配置理论对科技资源配置效率评价的意义

资源配置理论是本书开展研究的重要理论基础，其对本书研究的指导意义主要体现在以下两个方面。

(1) 古典经济学认为市场是资源配置的重要动力机制，重点强调了市场对稀缺资源的配置，认为在公平竞争条件下，通过市场利益的诱导，能够实现对社会资源的优化配置，这为本书将市场作为科技资源配置的基础力量、将市场配置作为科技资源配置的主要方式提供了理论支撑。

(2) 新古典经济学认为效率，即如何实现既定的资源投入情况下产出最大或既定产出水平下投入最小，是资源配置的核心问题，评价资源配置效率的标准为帕累托最优，这为本书对科技资源配置效率的界定，及如何提升科技资源配置效率提供了有价值的参考。

六、新制度经济学理论与科技资源效率评价

在经济学思想史上，制度分析作为一种研究方法，由来已久。从古典学派的亚当·斯密、穆勒，到德国、英国和美国的历史学派、奥地利学派的经济学家以及近现代的新古典学派的经济学家都曾经在不同程度上使用过制度分析方法。新制度经济学脱胎于新古典经济学，科斯于 1937 年发表的《企业的性质》一文成为新制度经济学诞生的标志。科斯的贡献在于将交易成本引入了经济分析，这种基于契约及其相应的交易成本的思路成为后来企业理论的主要分析工具。制度经济学的代表人物，美国著名经济学家道格拉斯·C·诺斯特别强调制度因素在经济发展中的重要作用，系统分析了制度变迁与经济增长之间的内在关系，创立了该理论的三大基

① 亚当·斯密. 国富论：国民财富的性质和起因的研究[M]. 谢祖钧，等，译. 长沙：中南大学出版社，2003.

石:① 描述一个体制中激励个人和集团的产权理论;② 界定实施产权的国家理论;③ 影响人们对客观存在变化的不同反应的意识形态理论,这种理论阐释了为何人们对现实有不同的解释[①]。

1. 新制度经济学的理论要点

(1) 产权经济理论。产权经济理论的研究始于科斯,他在1960年发表的《社会成本问题》一文中,以全新的视角考察了外部性问题,这为其创立现代产权理论奠定了基础。其研究结论即为新制度经济学关于产权经济理论的科斯定理。科斯定理的基本内容可以归结为三点:其一,在交易成本为零的情况下,无论产权的初始界定如何,市场竞争机制都会通过产权交易实现资源的优化配置。其二,在交易成本不为零的情况下,产权界定至关重要,它会影响到经济效率和社会福利的大小。其三,明晰的产权制度是产权自由交易的条件,并有助于降低交易成本,从而有利于实现资源的优化配置。反之,如果产权不清晰,交易成本就会很高,从而阻碍资源配置的优化。科斯定理的核心问题就是揭示了在约束条件下的制度选择,揭示了产权制度安排与经济资源配置效率的关系。

科斯对产权的理解是从静态的角度进行界定,而巴泽尔把产权界定看作是一个动态过程,认为产权界定是逐渐演进的。巴泽尔认为,从动态的角度看待产权问题,认为产权界定是一个演进的过程。在现实的社会中,某对象物的产权作为一个经济问题,从来没有被完全界定过。原因在于商品属性的多样性决定了界定产权需要花费昂贵的交易成本,而昂贵的交易成本就会产生外部性。

关于产权理论,诺斯认为"有效率的经济组织是经济增长的关键",而"有效率的组织需要在制度上做出安排和确立产权,以便造成一种激励"[②]。按照他的观点,经济增长与有效率的产权密切相关,而有效率的产权又应是竞争性或排他性的,故必须对产权做出明确界定,以充分调动产权所有者的积极主动性,减少由于产权不明确导致的短期行为与机会主义行为。德姆塞茨认为新的产权的形成是相互作用的人们对新的收益成本可能预期进行调整的回应,是资源的稀缺性和其相对价格提高的结果。他认为人们总是处在相互作用的社会关系中,与社会相互作用有关的成本和收益都具有潜在的外部性,而产权的首要作用就是促使人们设法使外部性内在化。

(2) 交易成本理论。交易成本的概念是新制度经济学研究制度构成和运行的两大基本工具之一,是新制度经济学的基础概念。1937年,科斯在其著作《企业的性质》一文中,将交易成本界定为"使用市场价格机制的成本",具体包括:获取市场

---

① 诺斯.经济史中的结构与变迁[M].上海:上海三联书店,1994.

② 诺斯.西方世界的兴起汇[M].北京:华夏出版社,1999.

信息、准备合约的成本；达成合约的成本；监督和实施合约的成本。在科斯看来，交易成本就是制度的运行成本，它指一切不直接发生在生产过程中的费用或者“一切不存在鲁滨逊一人世界中的费用”，包括信息搜集费用、谈判费用、起草和实施合约的费用、界定和实施产权的费用、政府运行和监督的费用、改变制度安排的费用等，只要在两个人存在的地方就会有交易成本的存在。

威廉姆森将科斯的交易成本概念运用到经济组织的合约问题上，并对交易成本的类型以及产生的原因进行了系统分析。威廉姆森认为交易成本广泛存在于交易活动中，其产生的原因包括有限理性、机会主义、不确定性及信息不对称等。有限理性是指参与交易进行的人，因为身心、智能、情绪等限制，在追求效益极大化时所产生的限制约束；机会主义是指参与交易进行的各方，为寻求自我利益而采取的欺诈手法，同时增加彼此不信任与怀疑，因而导致交易过程监督成本的增加而降低经济效率；不确定性是指由于环境因素中充满不可预期性和各种变化，交易双方均将未来的不确定性及复杂性纳入契约中，使得交易过程增加不少制定契约时的议价成本，并使交易难度上升；信息不对称是指因为环境的不确定性和自利行为产生的机会主义，交易双方往往握有不同程度的信息，使得市场的先占者拥有较多的有利信息而获益，并形成少数交易。

(3) 制度变迁理论。在《经济史中的结构与变迁》一书中，诺斯从产权、国家和意识形态等方面对制度变迁理论进行了更全面的论述。诺斯认为制度是一个社会的游戏规则，是由决定人们的相互关系的一系列约束制度（道德的约束、禁忌、习惯、传统和行为准则）和正式的法规（宪法、法令、产权）组成的。非正式规则主要包括价值观念、伦理道德、社会习惯和意识形态等；正式规则是指用法律条文、司法判例和政策法规确定的各种规则和合约以及由这些合约构成的等级结构。制度变迁是指在一段时间里，制度的建立、变革或破坏，也即制度的动态演进过程。

在诺斯和戴维斯合著的《制度变迁与美国的经济增长》一文中，诺斯和戴维斯认为，制度变迁的动因是预期净收益的增加或预期成本的降低，因利润增加而引致的制度变迁的因素主要包括企业的规模经济、外部性、风险以及交易成本；因成本降低而引致的制度变迁的因素包括组织成本降低，技术创新降低了某些制度安排的操作成本、知识的积累和教育的发展降低了某些与制度创新相联系的成本、政府权力的稳固上升和其对社会生活更多方面的渗透，明显减少了政府性制度安排创新的成本。戴维斯和诺斯提出的制度变迁模型是一种“滞后供给”模型，即制度供给由制度需求引导，制度供给与需求之间有一定的时滞。

诺斯认为，产权结构从两方面推动制度变迁：一是依靠产权结构创造有效率的市场。新古典经济学理论认为，市场的有效性只有靠充分竞争。诺斯研究发现，市场的有效性意味着充分界定和行使产权，它意味着创造一套促进生产率提高的约束变量。面对信息不完全的市场,产权结构及其行使并得到确认能够降低或完全消除不确定性。诺斯认为,市场无效率的根本原因是产权结构无效率,因此制度创新的一个重要内容就是产权结构的创新。二是依靠产权结构推动技术进步。诺斯认为,技术进步率的提高,既源于市场规模的扩大,又出自发明者能获取发明收益较大份额的可能性。投资于新知识和发展新技术的营利性需要在知识和创新方面确立某种程度的产权。如果缺乏产权,新技术唾手可得,就会丧失发明的动力。尽管发展新技术的社会收益率总是很高的,但从历史上看发展新技术的步伐却是缓慢的,问题在于"不能在创新方面建立一个系统的产权"。一套鼓励技术变革、提高创新的私人收益率使之接近于社会收益率的激励机制就是明晰创新的产权。

国家是最大的制度供给者,在有效制度的形成中起着重要的作用。诺斯认为"国家可视为在暴力方面具有比较优势的组织,在扩大地理范围时,国家的界限要受到其对选民征税权利的限制";"国家理论关键的问题是解释由国家界定和行使的产权类型以及行使的有效性,最具有意义的挑战是解释历史上产权结构及其行使的变迁"①。关于意识形态,诺斯认为市场机制得以有效运行的一个重要条件即人们能够遵守一定意识形态;意识形态是降低交易成本的一种制度安排。人们之所以能够不计较个人利益得失而采取服从社会规范的行为,正是意识形态在起作用。一个成功的意识形态必须能够解释历史并对现行所有权结构及交易条件有所说明,必须具有灵活性以赢得新旧团体的忠诚,必须能克服搭便车问题,能促使交易双方简化决策过程,节省交易费用。

2. *新制度经济学理论对科技资源配置效率评价的意义*

新制度经济学理论对本书研究的指导意义主要体现在三个方面。

(1) 产权理论为界定和调整科技资源产权提供了理论依据。产权理论认为,经济增长与有效率的产权密切相关,而有效率的产权又应是竞争性或排他性的,故必须对产权做出明确界定,以充分调动产权所有者的积极主动性,减少由于产权不明确导致的短期行为与机会主义行为。科技资源的种类繁多,本身具有许多复杂性和不确定性,区域科技资源的多重资源属性,使得科技资源的产权更为复杂。界定和调整科技资源产权是科技资源市场优化配置和效率提升的最基本条件和要求,是实现科技资源利用率和效益最大化的重要基础,能够减少科技资源利用过程中的不确定性和外部性问题。

(2) 交易成本理论为降低科技资源配置成本、提升科技资源利用率提供了思路。交易成本理论认为,交易成本广泛存在于交易活动中,其产生的原因包括有限理性、机会主义、不确定性及信息不对称等。科技资源配置过程,实质就是科技资

① 道格拉斯·C·诺斯.经济史中的结构与变迁[M].上海:上海三联书店,1991.

源的流动与交易过程,降低科技资源配置成本,就需要将增强科技资源配置主体的决策理性、制定相关配置规则、提高科技资源配置信息的公开度等方面作为重点。

(3) 国家理论和意识形态理论,为发挥政府在科技资源配置过程中的主导作用、意识形态在科技资源配置过程中的促进作用,奠定了理论基础。根据国家理论,在科技资源配置过程中政府可通过产权制度、激励制度、服务体系以及监督机制的建立为科技资源的配置提供重要保证与便利,可通过鼓励科技资源主体通过市场机制实现自由配置与流通,在市场配置资源的机制失效时,通过宏观调控机制以弥补其不足。根据意识形态理论,社会各界以及科技人员的意识形态对科技资源的配置具有重要影响,包括是否认识到科技资源是"第一资源"、是否具有知识产权意识等。

七、平衡计分卡理论与科技资源效率评价

1. 平衡计分卡理论的基本内容

平衡计分卡(Balance Score Card,简称 BSC)是由哈佛商学院罗伯特·卡普兰(Rokert S. Kaplan)和大卫·诺顿(David P. Norton)于 1992 年发明的一种绩效评价和管理的工具。平衡计分卡是从企业发展的战略出发,将企业及其内部各部门的任务和决策转化为多样的、相互联系的目标,然后再把目标分解成由财务状况、顾客服务、内部经营过程、学习和成长在内的多项指标组成的多元绩效评价系统,如图 1.1 所示。

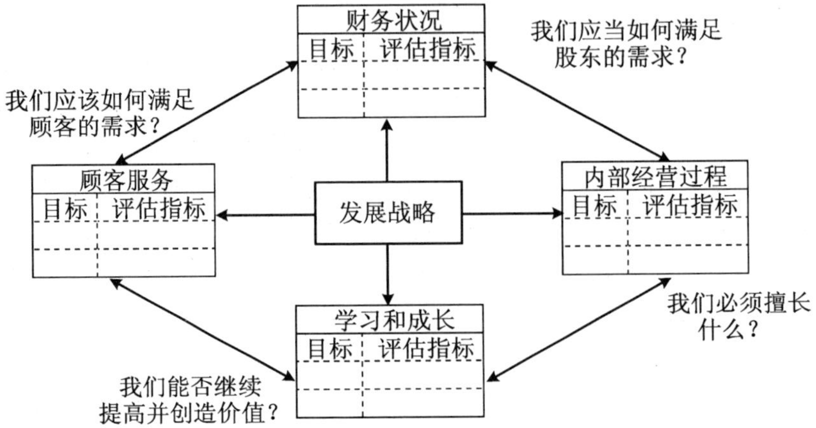

图 1.1 平衡计分卡的框架体系

资料来源:Kaplan, Norton. Linking the Balanced Scored to Strategy [J]. California Management Review, 1996,39(1):53-79.

平衡计分卡是从财务、客户、内部运营、学习与成长四个角度，将组织的战略落实为可操作的衡量指标和目标值的一种新型绩效管理体系。财务业绩指标可以显示企业的战略及其实施和执行是否对改善企业盈利做出贡献。财务目标通常与获利能力有关，其衡量指标有营业收入、资本报酬率、经济增加值等，也可能是销售额的迅速提高或创造现金流量。在平衡计分卡的客户层面，管理者确立了其业务单位将竞争的客户和市场，以及业务单位在这些目标客户和市场中的衡量指标。客户层面指标通常包括客户满意度、客户保持率、客户获得率、客户盈利率，以及在目标市场中所占的份额。客户层面使业务单位的管理者能够阐明客户和市场战略，从而创造出出色的财务回报。在内部运营层面上，管理者要确认组织必须擅长的关键的内部流程，这些流程帮助业务单位提供价值主张，以吸引和留住目标细分市场的客户，并满足股东对卓越财务回报的期望。学习与成长层面确立了企业要创造长期的成长和改善就必须建立的基础框架，确立了目前和未来成功的关键因素。平衡计分卡的前三个层面一般会揭示企业的实际能力与实现突破性业绩所必需的能力之间的差距，为了弥补这个差距，企业必须投资于员工技术的再造、组织程序和日常工作的理顺，这些都是平衡计分卡学习与成长层面追求的目标。如员工满意度、员工保持率、员工培训和技能等，以及这些指标的驱动因素。

与传统评价方法相比，平衡计分卡具有显著的特点，首先，平衡计分卡反映了财务与非财务衡量方法之间的平衡，长期目标与短期目标之间的平衡，外部和内部的平衡，结果和过程的平衡，管理业绩和经营业绩的平衡等多个方面；所以能反映组织综合经营状况，使业绩评价趋于平衡和完善，利于组织长期发展。其次，平衡计分卡可以提高组织整体管理效率。平衡计分卡所涉及的四项内容，都是组织未来发展成功的关键要素，通过平衡计分卡所提供的管理报告，将看似不相关的要素有机地结合在一起，可以大大节约组织管理者的时间，提高企业管理的整体效率，为组织未来成功发展奠定坚实的基础。

2. 平衡计分卡理论对科技资源配置效率评价的意义

(1) 平衡计分卡基于平衡理念，强调组织绩效的高低和优势并不直接表现并取决于组织的“财务状况”，而应更加注重组织自身的可持续发展的能力和潜在价值创造能力。对于科技资源配置效率评价而言，效率指标体系的设计也强调“平衡”“统筹”理念，要考虑科技发展的短期效益与长远效益、配置主体间的竞争与协作、公平与效率、发展与稳定等之间的平衡。

(2) 平衡计分卡系统把发展置于中心地位，将组织战略目标转换成绩效评价指标，然后通过具体的制度设计将组织及其成员的行为与这些目标联系起来，从而实现组织战略目标，提高组织绩效。

(3) 平衡计分卡为组织效率评价提供了定性分析与定量分析两种不同的途

径。科技资源效率评价是定性评价与定量评价的综合运用。平衡计分卡从具体技术层面彰显了它在评价科技资源配置效率时进行定量分析的优势。

本 章 小 结

本章在相关研究成果的基础上，对省域科技资源配置效率的内涵进行了重新认识，认为省域科技资源配置效率至少包含三层含义：总体效率、技术效率和规模效率。其中，省域科技资源配置的总体效率是指在省域范围内，为促进经济社会可持续发展及科技与经济社会发展的良性互动，而对科技人力资源、科技财力资源、科技物力资源、科技信息资源等科技资源各要素的投入力度、对科技资源配置结构进行定位的有效程度，以及将科技资源分配到特定对象和各种不同发展方向上所产生直接效益与间接效益的总和；技术效率是指在既定的科技资源投入情况下，科技资源产出水平是否达到了最大，或者说能否用更少的科技资源投入而获得不少于现有的科技资源产出，及用现有的科技资源投入能否获得更多的科技资源产出；规模效率是指在当前科技资源投入的基础上增加一定科技资源投入量，科技资源产出量是否有更高比例的增加。这种认识，比以往单从投入产出之比来判断科技资源配置效率更科学、更合理，更能反映科技资源配置的实际效果。

本章阐述了系统论、资源配置理论、新制度经济学理论和平衡计分卡对本书研究的指导意义。根据系统论，科技人力资源、科技财力资源、科技物力资源、科技信息资源构成科技资源系统，提升科技资源的配置效率，必须综合考虑各类科技资源的功能以发挥其协同作用；政府、高校、科研院所及企业等科技资源配置主体之间相互联系、相互作用，构成一个子系统，要提升科技资源配置效率，必须调动各主体的积极性。资源配置理论认为市场是资源配置的重要动力机制，重点强调了市场对稀缺资源的配置，认为在公平竞争条件下，通过市场利益的诱导，能够实现对社会资源的优化配置，这为本书将市场作为科技资源配置的基础力量、将市场配置作为科技资源配置的主要方式提供了理论支撑。依据新制度经济学理论，政府在科技资源配置过程中应制定完善的产权制度、激励制度、服务体系以及监督机制，以弥补市场机制的不足。平衡计分卡所强调的平衡理念，为科技资源配置效率指标的设计提供了新思路，效率指标体系的设计也应强调“平衡”“统筹”理念，要考虑科技发展的短期效益与长远效益、配置主体间的竞争与协作、公平与效率、发展与稳定等之间的平衡。

第二章　省域科技资源配置效率评价指标体系的构建

省域科技资源效率评价指标具有反映省域科技资源管理状态、监测省域科技资源管理过程、预测和计划省域科技资源发展、评价省域科技资源配置效率等功能。构建省域科技资源配置效率评价指标体系，是省域科技资源配置效率评价的一个难点和焦点。本章在现有相关指标体系的基础上，阐述了省域科技资源配置效率评价指标体系构建的原则、权变因子和思路，分析了省域科技资源配置效率评价指标体系的基本内容和总体框架，并对评价指标标准、定性指标的量化等问题进行了研究。

第一节　省域科技资源配置效率评价有关指标体系述评

省域科技资源配置效率评价指标是指用来反映和概括省域科技资源配置效率水平的概念和具体示标。效率评价指标体系的构建，是省域科技资源配置效率评价的一项基础工程。对于这个问题，学术界进行了不少相关研究。

国外政府部门和学者们从不同角度、不同层面对科技实力、科技能力和科技资源配置效果等进行了分析与比较。瑞士洛桑国际管理发展学院（IMD）的《国际竞争力报告》和世界经理论坛（WEF）的《全球竞争力报告》在每两年出版一次的对OECD国家的科技和工业的发展趋势、前景和政策导向进行定期评价的报告中，主要采用以下四大类指标：研究开发投入指标、科技和创新产出指标、技术的国际流动指标、科技基础设施和环境指标，以展开对各国科技实力、科技能力和科技竞争力等的评价①。

美国国家科学基金会在科技指标报告中，使用的指标包括R&D经费、科学和

---

① 中国科技发展战略小组. 中国区域创新能力报告：2004—2005[M]. 北京：知识产权出版社，2005.

工程劳动力、初中等教育、科学家工程师的大学教育、大学的 R&D、产业 R&D 与技术创新、公众对科技理解及对科技的态度、新兴技术及对社会经济发展的影响等部分，每一部分都包含数量众多的具体指标。随着全球经济与科技发展的变化，科技指标也在不断地调整和变化。把教育指标放在重要地位是美国科技指标研究的突出特点；初中等教育部分着重分析学生成绩、课程设置、教师与教学等；高等教育部分重点是大学科学与工程学位教育。R&D 经费部分从来源和执行两方面按地区、三大部门和活动类型分析 R&D 经费支出情况；科学和工程劳动力部分除了 R&D 人员状况外，重点分析科学与工程劳动力的规模、就业与市场供求关系及需求预测，包括国际就业前景等。

R. R. Nelson 将世界上 15 个有代表性的国家分为高收入的大国、高收入的小国和低收入的国家三组，采用指标的对比分析法对历史数据进行分析，其采用的指标包括：研发活动的配置、研发经费来源、重要的产业部门及企业的特征、大学的作用、支持和影响技术创新的政府政策等。美国学者克莱因提出的国力方程为：$X=(A+B+C)(S+M)$，式中：X 为科技综合实力，A 为科研人员数，B 为科研机构数，C 为科研经费总额，S 为社会因素（包括经济影响因素），M 为管理因素。这个方程包含了科技发展涉及的主要因素，因此具有一定的合理性，但存在的问题是社会因素和管理因素难以定量表示，且各因素的计量单位不同，简单相加、相乘，结果不能说明问题。

国内学者张英华、冯振环①将每万人口中从事科技活动人员数、从事科技活动人员中科学家和工程师比重、研发经费与 GDP 的比例、国家财政科技拨款占国家财政支出比重、企业技术开发经费占产品销售收入比重，作为科技资源投入指标，将万名科技活动人员科技论文数、每百万人口发明专利授权量、高技术产业增加值占全部制造业增加值比重、高新技术产品出口额占商品出口额比重、新产品销售收入占全部产品销售收入比重，作为科技资源产出指标，对科技资源配置效率进行评价。

赵敏②使用科技活动人员、科技活动中科学家和工程师人数、研发经费、科技活动经费、技术开发经费及科技论文数、发明专利批准数、获国家级奖数、新产品销售额等指标，构建了科技投入产出评价指标体系，并运用数据包络分析方法，建立了南京市科技投入产出评价模型。田中禾、吴青松③选用科技活动人数、科学家和

---

① 张英华，冯振环．科技实力评价方法探微[J]．科学学与科学技术管理，2003(6)：100-105.

② 赵敏．南京市科技投入产出的评价模型[J]．南京社会科学（增刊），2003：285-288.

③ 田中禾，吴青松．C^2GS^2 模型在甘肃科技投入产出效率评价中的应用[J]．系统工程，2008(5)：100-105.

工程师人数、研发经费内部支出、科技活动经费科技成果鉴定项目数、发明专利批准数、获国家级奖励、技术合同成交金额等指标，对甘肃省 2001—2005 年科技投入产出的 C^2GS^2 进行了分析。管燕、吴和成等①选择科技人员中 R&D 人员比重、科技拨款占财政支出比重，高技术产品产值、高技术产品产值比重、高技术产品销售收入、新产品销售收入、专利批准数等对江苏省科技资源配置效率进行研究。俞立平、熊德平等②选用科技活动人员数、研发人员全时当量、科研经费、研发经费内部支出、发明专利、实用新型专利、外观设计等指标对中国地区科技效率进行测度。

国内外科技资源配置效率评价指标体系已有的研究成果来之不易，很有价值，但也存在着不足，主要表现在以下四个方面。

(1) 没有从宏观上和整体上构建一个全面、系统、科学的科技资源配置效率评价指标体系。现有的相关研究成果大多是从科技资源的直接投入与直接产出的角度，将科技资源配置效率评价指标分散在科技资源投入评价指标和科技资源产出指标之中，作为科技资源配置效率评价指标体系的整体性、系统性和相对独立性不强。

(2) 没有从技术层面研究效率评价指标设计的思路、原则和方法。现有的相关研究成果缺乏对效率评价指标体系设计的技术平台研究，使得指标体系的设计流于拍脑袋和满足于对已有指标体系的修补上。科技资源配置效率评价指标体系设计不同于其他绩效评价指标体系设计，对其设计方法和技术的研究更应该引起我们的重视，从而为指标的设计提供工具支持。

(3) 没有深入研究指标体系的内部结构，对于指标体系内各组成指标之间的相互联系、相互作用的方式没有予以应有的重视，没有凸显指标体系结构的整体性、相关性、综合性、目的性、层次性和历史性。

(4) 没有注意内部管理对科技资源配置效率的影响，割裂了内部效率与外部效率的联系。研究成果中，绝大多数只重外部指标，而忽视内部管理指标，未能体现短期目标与长期目标之间的动态平衡。

---

① 管燕，吴和成，黄舜. 基于改进 DEA 的江苏省科技资源配置效率研究[J]. 科研管理，2011(2)：38 - 42.

② 俞立平，熊德平，武夷山. 中国地区科技效率的组合测度研究[J]. 科学学研究，2011(8)：1141 - 1146.

第二节 省域科技资源配置效率指标体系构建原则与权变因子

一、省域科技资源配置效率指标体系构建的原则

1. 目标一致性原则

目标一致性，即科技资源配置效率评价指标体系与被评价对象的战略目标、效率评价的目的三者之间的一致，如图 2.1 所示。

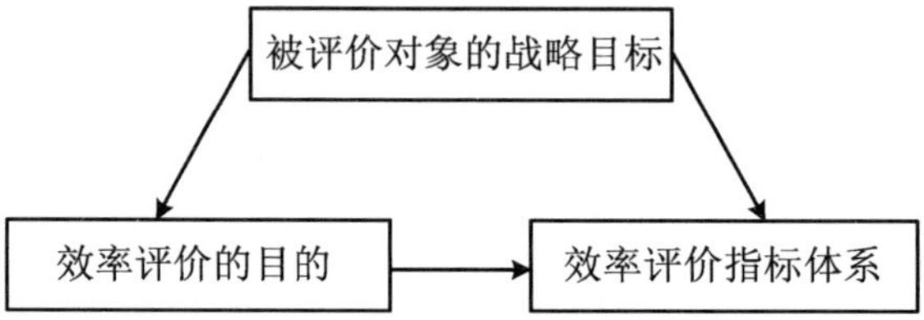

图 2.1 目标一致性图

资料来源：方振邦. 绩效管理[M]. 北京：中国人民大学出版社，2003.

（1）效率评价指标与被评价对象的战略目标的一致性。效率评价的目的就是引导、帮助被评价对象实现其战略目标以及检验其战略目标实现的程度。因此，设定和选择效率评价指标时，应从省域科技资源管理的战略目标出发，根据战略目标来设定和选择效率评价指标。为了切实保证效率评价指标与被评价对象战略目标的一致性，可运用系统图式目标分解法①。将实现一级目标（战略目标）的关键手段作为二级目标和二级评价指标，将实现二级目标的关键手段作为三级目标和三级评价指标，依此类推，一级一级地分解下去，从而形成一个“目标—关键手段—评价指标链”；同时，自下而上逐级保证。这样，既有纵向链锁关系，又有横向链锁关系，不仅构成了上下左右互相衔接的有机目标体系和评价指标体系，而且使各级目标的实现也落到了实处，如图 2.2 所示。

（2）效率评价指标与效率评价目的的一致性。科技资源配置效率评价的目的就是引导、帮助和督促被评价对象实现其战略目标。而战略目标的实现是通过一

① 彭国甫. 行政组织学[M]. 长沙：湖南师范大学出版社，1990.

层一层的层级分目标的实现来保证的。因此,科技资源配置效率评价的目的也是分层级的。这就客观要求一定层级的效率评价指标必须与同一层级的效率评价目的相一致,要服从并服务于同一层级绩效评价目的的达成。

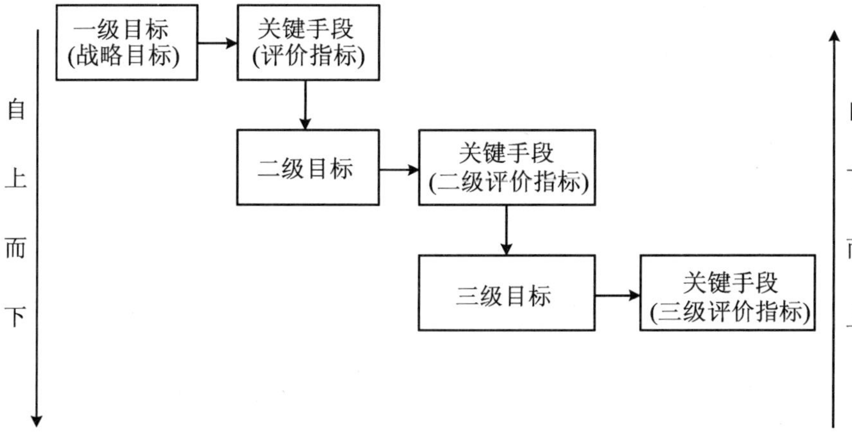

图 2.2　目标-评价指标分解系统图

2. 可测性原则

省域科技资源配置效率评价指标的可测性主要包括效率评价指标本身的可测性和指标在评价过程中的现实可行性。首先,效率评价指标本身具有可测性是指评价指标可用操作化的语言定义,所规定的内容可以运用现有的工具测量获得明确结论,如用问卷测试科技人员的创新精神等。不能量化的指标,定性描述也应该具有直接可测性,不具有直接可测性的内容,应通过可测的间接指标来测量。譬如,科技人员的学习力不具有直接可测性,不能把学习力作为评价指标,在评价的过程中,可以通过采用学习的动力、毅力和能力等这些指标来评价学习力的强弱。其次,效率评价指标在评价过程中的现实可行性。一是能不能够获取充足的相关信息。如果获取相关信息的渠道不畅通,不能获取充足的相关信息,不管评价指标怎么好,也只不过是水中之月。二是评价主体能不能够作出相应的评价。如果指标很理想,但找不到具有相关素质的评价主体对该指标作出正确的评价判断,这种指标也不具有可测性。

3. 整体性原则

首先,整体性原则要求指标体系内指标能够全面、系统地反映省域科技资源配置效率的数量和质量要求。它要求指标体系不遗漏任何一项重要指标,通过各项指标的相互配合能够全面、系统地体现省域科技资源配置效率的数量和质量要求。例如,科技资源的配置应该是对科技人力资源、科技财力资源、科技信息资源、科技物力资源等的协调与分配,其效率评价指标体系也就必须从整体上全面、系统反映和体现各科技资源的配置效率，而不能顾此失彼。同时，全面、系统地反映省域科技资源配置效率的数量和质量要求，不是"胡子眉毛一把抓"，而是要突出重点，反映本质。其次，指标体系中的各个具体指标之间，在其含义、口径范围、计算方法、计算时间和空间范围等方面，要相互衔接，综合、系统地反映省域科技资源配置效率各构成要素之间的数量关系、内在联系及其规律性。

4. 可比性原则

首先，指标体系中的指标要有相互独立性，同一层次上的指标之间必须相互独立，不能交叉重叠，否则无法比较。其次，指标必须反映科技资源配置效率的共同属性，反映科技资源配置效率属性中共同的东西。只有在质相一致的条件下，才能比较两个具体评价对象在这一方面量的差异。必须规定其相应的尺度。再次，在质相一致的条件下，效率评价指标不仅在地区之间可以比较，比如安徽省科技资源配置与江西省科技资源配置的比较；而且，同一地区的不同部门之间、同一地区在不同时间上也可以比较。在不同地区之间进行比较时，除指标的口径、范围必须一致外，一般用相对数、比例数、指数和平均数等进行比较才具有可比性。为保证同一单位不同时间上的可比性，设计科技资源配置效率评价指标时，既要充分体现当时当地的实际需要与客观条件的相对稳定性，又要对未来的近期发展有所预见而力求保持一定的连续性。

5. 可行性原则

可行性原则对科技资源配置效率评价指标体系构建做出三个方面的规定。一是指标要有针对性。根据特定区域科技资源管理职能和目标来设定效率评价指标，做到有的放矢。既要全面反映特定区域科技资源管理的职能和目标，又要突出特定科技资源管理的职能和目标的重点，凸显其特色和优势。二是评价指标要合理。要根据需要与可能设定指标，使指标建立在切实可行的基础上。同时，指标要有一定的高度，充分发挥科技资源管理主体及科研人员的积极性、创造性，最大限度地挖掘潜力，提高效率。但指标的设定必须立足于主、客观条件，离开主、客观条件设定的绩效评价指标，不仅会挫伤科技资源管理主体及科研人员的积极性，而且会劳民伤财。三是评价指标要有可操作性。能够量化的指标要尽量量化，不能量化的指标，要尽量使用如"优""良""一般""较差""差"等多阶段标准。同时，指标也不是越多越好，越繁越好，应做到能精简的尽量精简，能简化的尽量简化，做到以精取胜、以质取胜。

二、省域科技资源配置效率指标体系构建的权变因子

省域科技资源配置效率评价指标体系构建的权变因子是指影响省域科技资源

配置效率评价指标体系构建诸种因素的总和。在省域科技资源配置效率评价过程中,根据效率评价的特点,需重点分析效率评价目的、省域科技资源配置的目标、科技资源管理的主客观条件、事物发展的趋势及评价所需信息的数量和质量等权变因子对省域科技资源配置效率评价指标体系及其构建的影响。构建省域科技资源配置效率评价指标体系时,应从系统的高度,综合考虑和把握权变因子,并妥善处理这些权变因子之间的关系,如图 2.3 所示。

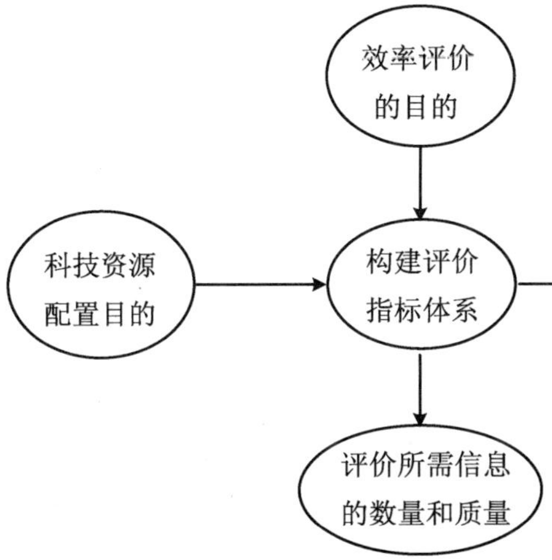

图 2.3　效率评价指标体系构建的权变因子

1. 效率评价目的因子

系统理论专家贝塔朗菲指出:"我们考察生物就会发现惊人的秩序、组织,不断变化中的维持、调节和表现目的论。同样在人类行为中,即使我们持严格的行为主义观点,也不能忽视寻的和目的性①。"任何系统都有自己的目的。人们"积极地活动,通过活动来取得一定的外界物,从而满足自己的需要②"。人类活动的直接目的是满足人的需要。因此,构建省域科技资源配置效率评价指标体系的首要依据就是省域科技资源配置效率评价的目的。效率评价的目的决定效率评价指标的选择。事实上,能够用于评价科技资源管理效果的指标是多种多样、数量可观的,但进行省域科技资源效率评价时,不可能也没有必要面面俱到,只能选择那些以效率评价目的为依据的评价指标进行评价,否则,不仅效率评价没有可操作性,而且也会失去意义,没有什么评价的价值。

---

① 贝塔朗菲.一般系统论:基础、发展、应用[M].北京:社会科学文献出版社,1987.

② 马克思,恩格斯.马克思恩格斯全集:第 19 卷[M].北京:人民出版社,1974.

2. 科技资源配置的目标因子

科技资源配置目标是影响其效率评价指标体系构建的最主要的因子。从本质上说，效率就是科技资源配置目标实现的程度和质量。省域科技资源配置效率评价指标体系的构建要立足于省域科技资源配置的目标。不同的目标，决定不同的指标内容；不同的目标结构，决定不同的指标结构。从宏观上分析，科技资源配置目标是通过科技资源在全社会范围内，在不同的配置主体、不同科技活动过程、不同的学科领域、不同的行业、地区之间配置的不断改善和优化，以促进科技、经济与社会的全面协调发展。从微观上分析，科技资源配置目标则是指具体的某一科技活动主体在其内部如何配置各种科技资源，以便最大限度地提高科技成果产出。因此，设定和选择效率评价指标时，应从省域科技资源配置的战略目标出发，根据战略目标来设定和选择效率评价指标。

3. 事物发展趋势因子

绩效评价指标是标志和指向未来的，具有导向性。构建省域科技资源配置效率评价指标体系时，不能只依据事物存在的现状，还必须考虑未来的因素，以事物发展趋势为依据。如果缺乏预测未来的根据，把握不住事物的发展趋势，省域科技资源配置效率评价指标就是盲目的，不可靠的，甚至是有害的。制定省域科技资源配置效率评价指标，必须及时、准确、全面地收集、分析和处理相关信息，科学地预测事物的发展趋势和未来状况，使省域科技资源配置效率评价指标建立在对事物发展趋势和未来状况的科学预测的基础之上。不能科学地预测事物的发展趋势和未来状况，或者是对未来的因素不充分考虑的绩效评价指标，即使当时看来既合理又可行，以后随着事物的发展变化，终究难以准确、客观评价省域科技资源配置的效率。

4. 评价所需信息的数量和质量因子

省域科技资源配置效率评价的过程，从信息管理的角度来讲，就是一个信息的搜集、处理过程。信息是否充足、准确、真实、及时，直接影响到效率评价指标能否具有可测量性及在多大程度上生效，影响到效率评价能否进行及其成败。为了保证省域科技资源配置效率评价指标体系的有效性，构建省域科技资源配置效率指标体系时，务必充分考虑评价所需信息的数量和质量。

一是要系统分析和把握省域科技资源配置效率评价信息的主要来源。省域科技资源配置效率评价的信息源与效率评价目的、评价对象密切相关，评价目的和评价对象不同，评价的信息源也就不一样。二是要科学运用搜集省域科技资源配置效率评价信息的基本方法。要使搜集到的效率评价信息符合评价对象实际和评价标准，必须科学运用测验法、问卷法、文献法等。三是要根据可搜集到的信息的数量和质量调整和建立省域科技资源配置效率评价指标体系。总的原则是：省域科技资源配置效率评价指标应建立在所需信息充足、准确和及时的基础上。如果不能及时、准确、充足地搜集绩效评价所需的信息，相应的绩效评价指标就应做调整。

第三节　省域科技资源配置效率评价指标体系的基本内容

借鉴国内外已有的研究成果，遵循省域科技资源配置效率评价指标体系构建的原则，根据省域科技资源配置效率评价指标体系的权变因子，以平衡计分卡方法分析框架，构建省域科技资源配置效率评价指标体系，并探究省域科技资源配置效率评价指标体系的内部结构。

一、BSC 在省域科技资源配置效率指标体系构建中适应性分析

BSC(Balance Score Card)，译作平衡计分卡，是从财务、客户、内部运营、学习与成长四个角度，将组织的战略落实为可操作的衡量指标和目标值的一种新型绩效管理体系。财务业绩的衡量指标有营业收入、资本报酬率、经济增加值等，也可能是销售额的迅速提高或创造现金流量。客户层面指标通常包括客户满意度、客户保持率、客户获得率、客户盈利率，以及在目标市场中所占的份额。在内部运营层面上，管理者要确认组织必须擅长的关键的内部流程，这些流程帮助业务单位提供价值主张，以吸引和留住目标细分市场的客户，并满足股东对卓越财务回报的期望。学习与成长层面确立了企业要创造长期的成长和改善就必须建立的基础框架，确立了目前和未来成功的关键因素。

自问世以来，平衡计分卡在西方企业界已经得到了广泛的应用。当然，BSC 并不是企业的专利，它在其他领域也同样发挥着越来越重要的作用。BSC 适用于省域科技资源配置效率评价指标体系的构建，是由其自身特点决定的。

1. 平衡的理念适用于省域科技资源配置效率评价的指标设计

BSC 的精髓是追求一种“平衡”的状态，包括短期目标与长期目标、财务指标与非财务指标、落后因素与领先因素、内部效率与外部效率等之间的平衡。其中，强调组织效率的高低和优劣并不直接表现为并取决于组织的“财务状况”，而应注重组织自身的可持续发展的能力和潜在价值创造能力，更是其显著特点。对于区域科技资源配置效率而言，评价指标体系的设计也要强调“平衡”“统筹”理念，要考虑配置主体内部整合与外部获取、投入产出与成果转化、短期目标与长期目标、产出效率与持续发展能力等之间的平衡。比如，在投入产出能力与成果转化能力之间

需要平衡点，过分强调投入产出能力而弱化成果转化能力，则会偏离科技资源发展的价值取向；过分强调成果转化能力而忽视投入产出能力，则不利于区域科技资源的可持续发展。

2. 将战略目标转换为评价指标符合省域科技资源配置效率评价的特点

省域科技资源配置的目标具有层次性、多重性和复杂性，比起私人商业公司要更为模糊，更难以把握，且其内部还存在着配置主体间的冲突。因此，直接评价省域科技资源配置的战略目标极其困难。BSC把发展置于中心地位，将战略目标转换成具体评价指标，然后通过具体的制度设计将组织及其成员的行为与这些目标联系起来，从而实现组织战略目标，提高组织绩效。伴随社会环境、科研环境的变化，省域科技资源配置处于一个不断发展的过程之中。这就决定了对省域科技资源配置能力的评价不能仅仅立足于当前的状况，而应将发展置于重要的位置，从评价指标体系的设计、权重的安排到具体的实施，都应该围绕提升省域科技资源配置能力、高效运用省域科技资源的战略目标而展开。

3. BSC的分析方法适用于科技资源配置效率指标的设计

BSC为组织绩效测评提供了定性分析与定量分析两种方法。定性分析是定量分析的基本前提，没有定性的定量是一种盲目的、毫无价值的定量；定量分析使定性分析更加科学、准确，可以促使定性分析得出令人信服的结论。省域科技资源配置效率，因其指标的复杂性、动态性和差异性，也需要综合运用定性分析与定量分析的方法。比如，对于科技资源财力投入、科技资源人力投入、专利产出等指标可以用定量分析，对于科技政策的有效性、科技人文环境、科技人员的创新意识等指标可以用定性分析，而对于科技资源结构的合理性、科技人力资源的后备力量等指标则必须综合使用两种方法。因此，BSC为区域科技资源配置效率评价提供了技术上的支持。

二、省域科技资源配置效率指标体系的总体框架

平衡计分卡的基本理论和框架适合在省域科技资源配置效率评价中应用。但是，鉴于科技资源管理与企业管理的本质区别，在借助平衡计分卡设计省域科技资源配置效率评价指标体系时，必须按照科技资源管理的逻辑和内在规律修正和整合平衡计分卡的指标内容及其结构关系。

平衡计分卡是从企业发展战略出发，将企业的目标分解成财务状况、顾客服务、内部经营过程、学习和成长指标组成的多元绩效评价系统。基于平衡计分卡的省域科技资源配置效率评价指标体系结构应调整为科技资源配置强度、科技资源配置结构、科技资源配置效果三个层面。

(1) 科技资源配置强度。该指标层面源于 BSC 基本框架中的财务指标。以结果性财务指标构成的评价体系,能够反映企业战略的制定、实施和执行是否正在为最终企业绩效的改善和提高做贡献,并直接体现股东利益,是平衡计分卡的一个关键指标。与一般的企业以经济效益为绩效评价的重点不同,省域科技资源配置的主要目的是优化省域科技资源的分配和使用,提升科技资源配置效率,而不是营利。因此,科技资源配置强度维度就成为描述省域科技资源配置效果的重要标准,并在省域科技资源配置效率评价的 BSC 模型中居于重要位置。该维度能清楚地反映社会各界投入了多少科技资源,为实现某一目标而进行的行为最终消耗了多少科技资源,为准确反映省域科技资源的各种投入奠定了基础。

(2) 科技资源配置结构。该维度源于 BSC 基本框架中的流程指标和学习与成长指标。企业财务业绩的提升,顾客需求的满足,以及股东价值的追求,都需要靠其内部良好的经营和流程来支撑。如新产品开发所用的时间、新产品销售额在总销售额中所占的比率、比竞争对手率先推出新产品的比例等。与一般企业的内部管理过程不同,省域科技资源配置的内部管理主要表现在科技资源在各领域和主要环节的分配比例,即科技资源配置结构,比如重要科技项目的科技经费占总经费的比例、人均科研经费支出、R&D 投入占 GDP 的比例等,科技资源配置结构在科技资源管理中居于重要地位,科技资源配置结构是否合理,直接反映出科技资源配置的内部管理是否有效,其对科技资源配置产生深远而广泛的影响。

(3) 科技资源配置效果。该维度源于 BSC 基本框架中的顾客指标。随着企业面临的市场由“卖方”向“买方”的转变,“更好地满足顾客需要”的观念,已成为现代企业最基本、最重要的经营管理理念之一。实际上,任何组织要想在激烈的市场竞争中立足,那么它所提供的产品和服务就必须得到社会的认可。与企业不同,省域科技资源配置的效果能否得到社会的认可,关键在于两方面:一是能否实现科技资源的各种产出的最大化,二是能否把科技成果及时地转化为现实的生产力,把科技优势转化为经济优势。科技成果转化,是将具有创新性的科技成果从科研单位转移到生产部门,使新产品增加,工艺改进,效益提高,并最终促进经济社会的进步与发展;它是科技与经济结合的中间环节,也是省域科技资源配置取得实效的关键环节。

指标的第一层即目标层指标为综合评价指标;第二层因素层指标为分类评价指标;第三层子指标层指标为单项评价指标。一般而言,单项评价指标具有结构单一、简明可辨、容易测量等特征。综上所述,省域科技资源配置效率评价指标体系的总体框架如图 2.4 所示。

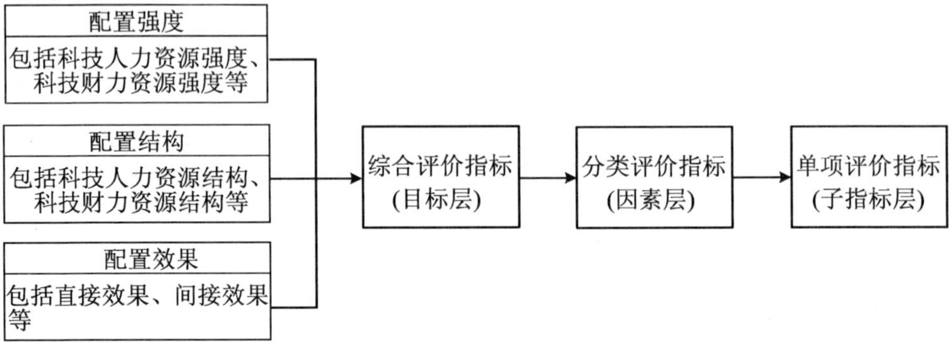

图 2.4 省域科技资源配置效率评价指标体系总体结构与层次

三、省域科技资源配置效率评价指标体系的构成

科技资源的配置规模是指科技财力、科技人员等科技资源的总体数量从宏观层次上对科技系统的支持程度和保障程度，包括科技人力资源配置规模和科技财力资源配置规模。

科技人力资源配置强度包括：每万人中从事科技活动的人员数、每万人中的科学家工程师人数、每万人中从事 R&D 的活动人员。

(1) 科技活动人员是指直接从事科技活动以及专门从事科技活动管理和为科技活动提供直接服务的累计从事科技活动的实际工作时间占全年工作时间 10% 及以上的人员。① 直接从事科技活动的人员包括：在独立核算的科学研究与技术开发机构、高等学校、各类企业及其他事业单位内设的研究室、实验室、技术开发中心及中试车间(基地)等机构中从事科技活动的研究人员、工程技术人员、技术工人及其他人员；虽不在上述机构工作，但编入科技活动项目(课题)组的人员；科技信息与文献机构中的专业技术人员；从事论文设计的研究生等。② 专门从事科技活动管理和为科技活动提供直接服务的人员包括：独立核算的科学研究与技术开发机构、科技信息与文献机构、高等学校、各类企业及其他事业单位主管科技工作的负责人，专门从事科技活动的策划、行政、人事、财务、物资供应、设备维护、图书资料管理等工作的各类人员，但不包括保卫、医疗保健人员、司机、食堂人员、茶炉工、水暖工、清洁工等为科技活动提供间接服务的人员。

(2) 科学家与工程师是指科技活动人员中具有高、中级技术职称(职务)的人员和不具有高、中级技术职称(职务)的大学本科及以上学历人员。

(3) R&D，即研究与试验发展，是指在科学技术领域，为增加知识总量以及运用这些知识去创造新的应用进行的系统的创造性的活动，包括基础研究、应用研究、试验发展三类活动。其中，基础研究是指为了获得关于现象和可观察事实的基本原理的新知识（揭示客观事物的本质、运动规律，获得新发展、新学说）而进行的实验性或理论性研究，它不以任何专门或特定的应用或使用为目的；应用研究是指为获得新知识而进行的创造性研究，主要针对某一特定的目的或目标，是为了确定基础研究成果可能的用途，或是为达到预定的目标探索应采取的新方法（原理性）或新途径；试验发展是指利用从基础研究、应用研究和实际经验所获得的现有知识，为产生新的产品、材料和装置，建立新的工艺、系统和服务，以及对已产生和建立的上述各项作实质性的改进而进行的系统性工作。R&D 人员是指调查单位内部从事基础研究、应用研究和试验发展三类活动的人员，包括直接参加上述三类项目活动的人员以及这三类项目的管理人员和直接服务人员。为研发活动提供直接服务的人员包括直接为研发活动提供资料文献、材料供应、设备维护等服务的人员。

科技财力资源配置强度包括：R&D 经费支出占 GDP 的比重、地方财政科技拨款占地方财政支出的比重、大中型企业 R&D 经费占销售收入的比重、人均研究与开发经费。其中，R&D 经费支出是指调查单位在报告年度用于开展 R&D 活动的实际费用。包括用于 R&D 项目（课题）活动的直接支出，间接用于 R&D 活动的管理费、服务费、与 R&D 有关的基本建设支出以及委托外单位或与外单位合作进行 R&D 活动而拨给对方的经费，不包括生产性活动支出、归还贷款支出。R&D 经费占 GDP 的比重是国际通用的、用于衡量一个国家科技规模及投入强度的重要指标，并在一定程度上反映国家经济增长的潜力和可持续发展能力。财政科技拨款是指由政府部门直接拨入的用于从事科技活动的款项，包括科学技术支出科目下的科技管理事务、基础研究、应用研究、技术研究与开发、科技条件与服务、社会科学、科学技术普及、科技交流与合作、其他科学技术支出经费，以及其他支出科目中用于科学技术的经费。地方财政科技拨款占地方财政支出的比重是衡量地方政府财政投入的重要指标，该指标可反映出地方政府对科技在经济发展中的支撑和引领作用，及地方政府对科技的投入力度。

科技资源的配置结构主要反映科技资源在各领域和主要环节的分配比例，科技资源的配置结构在很大程度上决定着整个科技系统的功能和效率。科技资源配置结构包括科技人力资源配置结构和科技财力资源配置结构。

科技人力资源配置结构包括：科学家与工程师占科技活动人的比重、R&D 人员全时当量的科学家与工程师所占比重、科技活动人员企业比重、国有企事业单位专业技术人员数。其中，R&D 全时人员是指报告年内从事 R&D 活动的时间占全年工作时间 90%及以上的人员。R&D 人员全时当量是国际上通用的、用于比较科技人力投入的指标，指 R&D 全时人员（全年从事 R&D 活动累积工作时间占全部工作时间 90%及以上人员)工作量与非全时人员按实际工作时间折算的工作量之和。例如:有 2 个 R&D 全时人员(工作时间都为 1 年)和 3 个 R&D 非全时人员(工作时间分别为 0.2 年、0.3 年和 0.7 年),则 R&D 人员全时当量=1+1+0.2+0.3+0.7=3.2(人年)。专业技术人员是指从事专业技术工作和专业技术管理工作的人员,即企事业单位中已经聘任专业技术职务从事专业技术工作和专业技术管理工作的人员,以及未聘任专业技术职务,现在就职专业技术岗位上的人员。包括工程技术人员,农业技术人员,科学研究人员,卫生技术人员,教学人员,经济人员,会计人员,统计人员,翻译人员,图书资料、档案、文博人员,新闻出版人员,律师、公证人员、广播电视播音人员,工艺美术人员,体育人员,艺术人员及企业政治思想工作人员,共 17 个专业技术职务类别。

表 2.1　省域科技资源配置强度的指标构成

综合评价指标	分类评价指标	单项评价指标
省域科技资源配置强度指标	科技人力资源配置强度指标	每万人中从事科技活动人员数(人)
		每万人中的科学家、工程师人数(人)
		每万人中从事 R&D 活动人员(人年)
	科技财力资源配置强度指标	R&D 经费支出占 GDP 的比重(%)
		地方财政科技拨款占地方财政支出的比重(%)
		大中型企业 R&D 经费占销售收入的比重(%)
		人均研究与开发经费(万元)

科技财力资源配置结构包括科技活动经费企业比重、R&D 经费内部支出占科技活动经费内部支出的比重。其中,科技活动经费是报告年内用于科技活动的实际支出,包括劳务费、科研业务费、科研管理费,非基建投资购建的固定资产、科研基建支出以及其他用于科技活动的支出,不包括生产性活动支出、归还贷款支出及转拨外单位支出。其中,劳务费是指以货币或实物形式直接或间接支付给从事科技活动人员的劳动报酬及各种费用,包括各种形式的工资、津贴、奖金、福利、离退休人员费用、人民助学金等;业务费是指报告年内用于科技活动的全部实际消耗性支出,如原材料费、水电费、差旅费、资料费等各种业务费;固定资产购建费是指报告年内使用非基建投资购建的固定资产和用于科研基建投资的实际支出额,即固定资产实际支出和科研基建投资实际完成额之和。

表 2.2　省域科技资源配置结构的指标构成

综合评价指标	分类评价指标	单项评价指标
省域科技资源配置结构指标	科技人力资源配置结构指标	科学家与工程师占科技活动人的比重(%)
		R&D 人员全时当量的科学家与工程师所占比重(%)
		科技活动人员企业比重(%)
		国有企事业单位专业技术人员数(人)
	科技财力资源配置结构指标	科技活动经费企业比重(%)
		R&D 经费内部支出占科技活动经费内部支出的比重(%)

科技资源的配置效果包括知识形态的成果、科技转化成果及经济结构优化效果。

知识形态的成果，是以知识形态存在的科研成果，包括：国外主要检索工具收录科技论文比率、每千名科技人员发表的国际国内科技论文数、每千名科技人员发表的被国外主要检索工具收录的论文数、每百万人专利申请量、每百万人专利授权量。

论文和专利是研发活动形成的知识形态的产物，是直接的科学输出形式，是科技活动的重要产出，对其测度是检验科技活动效果的重要依据。科技论文是指在学术刊物上以书面形式发表的最初的科学研究成果，并应具备以下三个条件：首次发表的研究成果、作者的结论和试验能被同行重复并验证、发表后科技界能引用。其中，国际科技论文主要是以国外主要检索工具收录的论文数为依据，包括 SCI、EI 和 ISTP 收录。专利是专利权的简称，是对发明人的发明创造经审查合格后，由专利局依据专利法授予发明人和设计人对该项发明创造享有的专有权，包括发明、实用新型和外观设计。发明专利是指对产品、方法或者其改进所提出的新的技术方案。实用新型专利是指对产品的形状、构造或者其结合所提出的适于实用的新的技术方案。外观设计专利是指对产品的形状、图案、色彩或者其组合所做出的富有美感并适于工业上应用的新设计。

科技转化效果，主要表征知识形态的技术转化为生产力的成效，包括：技术市场成交额、技术市场成交额占本地 GDP 的比例、大中型工业企业新产品销售收入占总销售收入比重、大中型工业企业新产品产值率。

技术市场作为科技成果交易的场所，是科学技术在商品经济高度发展阶段的产物，其发达程度代表了技术的市场化能力。科技合同的年交易总额一直是衡量技术市场规模的重要参数，也是反映科技成果市场化能力的重要指标。一个国家或地区的技术市场成交额反映了该国家科技活动的活跃程度和科技成果的产出规模，因而是衡量科技产出的重要指标。新产品是企业作为科技资源要素投入主体和配置主体的重要的科技产出，新产品产值率指标一方面代表了企业的研发产出能力，满足科技需求的能力；另一方面则体现出科技与经济相结合的程度，因而是测度科技产出的重要指标。

经济结构优化效果，主要是指技术成果的转化和应用所伴随的经济结构的优化，包括万元 GDP 综合能耗、万元 GDP 废水排放量、万元 GDP 废气排放量等。

表 2.3　省域科技资源配置效果的指标构成

综合评价指标	分类评价指标	单项评价指标
省域科技资源配置效果指标	知识形态成果指标	国外主要检索工具收录科技论文比率(%)
		每千名科技人员发表的国际国内科技论文数(篇)
		每千名科技人员发表的被国外主要检索工具收录论文数(篇)
		每百万人专利申请量(项)
		每百万人专利授权量(项)
	科技转化效果指标	技术市场成交额(亿元)
		技术市场成交额占本地 GDP 的比例(%)
		大中型工业企业新产品销售收入占总销售收入比重(%)
		大中型工业企业新产品产值率(%)
	经济结构优化效果指标	万元 GDP 综合能耗(吨标准煤)
		万元 GDP 工业废水排放量(万吨)
		万元 GDP 工业废气排放量(亿标立方米)

万元 GDP 综合能耗是指一个地区全社会能源消费总量与实现的生产总值之比，即每万元生产总值所消耗的总量，该指标是综合反映能源消费所获得的经济成果的重要指标，是体现能源利用效率和经济增长方式转变的标志性指标。万元增加值综合能耗是指企业每万元工业增加值所消耗的能源量(吨标准煤)。

四、单项评价指标的获得方法及定义

省域科技资源配置效率评价指标的单项评价指标数据一般可以通过查阅《中国统计年鉴》、《中国科技统计年鉴》、地方统计年鉴、地方政府工作报告、地方政府预算及其执行情况报告、《各省、自治区、直辖市单位 GDP 能耗等指标公报》等相关资料获得。对于可以量化的省域科技资源配置规模指标、配置强度指标和配置效果指标的计算方式和定义见表 2.4。

表 2.4　单项评价指标的获得方法及计算

分类评价指标	单项评价指标	衡量/测度指标	指标特性	计算公式
科技人力资源配置强度指标	每万人中从事科技活动人员数	每万人中从事科技活动人员数(人)	正向	当年该地区科技活动人数/年末总人口数×10 000
	每万人中的科学家工程师人数	每万人中的科学家工程师人数(人)	正向	当年该地区科学家工程师总数/年末总人口数×10 000
	R&D 人员全时当量	R&D 人员全时当量(人年)	正向	R&D 全时人员工作量＋ R&D 非全时人员工作量
	每万人中从事 R&D 活动人员	每万人中从事 R&D 活动人员(人年)	正向	当年该地区从事 R&D 活动人员总数/年末总人口数×10 000
科技财力资源配置强度指标	R&D 经费支出占 GDP 的比重	R&D 经费支出占 GDP 的比重(%)	正向	R&D 经费支出/当年该地区 GDP×100%
	地方财政科技拨款占地方财政支出的比重	地方财政科技拨款占地方财政支出的比重(%)	正向	地方财政科技拨款/地方财政支出×100%
	大中型企业 R&D 经费占销售收入的比重	大中型企业 R&D 经费占销售收入的比重(%)	正向	大中型企业 R&D 经费/销售收入×100%
	人均研究与开发经费	人均研究与开发经费(万元)	正向	研究与开发经费/年末总人口数×100%

续表

分类评价指标	单项评价指标	衡量/测度指标	指标特性	计算公式
科技人力资源配置结构指标	科学家与工程师占科技活动人的比重	科学家与工程师占科技活动人员的比重(%)	正向	科学家与工程师/科技活动人员×100%
	R&D人员全时当量的科学家与工程师所占比重	R&D人员全时当量的科学家与工程师所占比重(%)	正向	科学家与工程师全时当量/R&D人员全时当量×100%
	科技活动人员企业比重	科技活动人员企业比重(%)	正向	企业科技活动人员/科技活动人员×100%
	国有企事业单位专业技术人员数	国有企事业单位专业技术人员数(人)	正向	——
科技财力资源配置结构指标	科技活动经费企业比重	科技活动经费企业比重(%)		企业科技活动经费/科技活动经费×100%
	R&D经费内部支出占科技活动经费内部支出的比重	R&D经费内部支出占科技活动经费内部支出的比重(%)	正向	R&D经费内部支出/科技活动经费内部支出×100%
知识形态成果指标	国外主要检索工具收录科技论文比率	国外主要检索工具收录科技论文比率(%)	正向	SCI、EI和ISTP收录的论文数/科技论文总量×100%
	每千名科技人员发表的国际国内论文数	每千名科技人员发表的国际国内论文数(篇)	正向	当年该地区发表国际国内论文数/从事科技活动人员数×1 000
	每千名科技人员发表的被国外主要检索工具收录论文数	每千名科技人员发表的被国外主要检索工具收录论文数(篇)	正向	当年该地区国外主要检索工具收录论文数/从事科技活动人员数×1 000
	每百万人专利受理量	每百万人专利受理量(项)	正向	当年该地区专利受理量/年末总人口数×1 000 000
	每百万人专利授权量	每百万人专利授权量(项)	正向	当年该地区专利授权量/年末总人口数×1 000 000

续表

分类评价指标	单项评价指标	衡量/测度指标	指标特性	计算公式
科技转化效果指标	技术市场成交额	技术市场成交额（亿元）	正向	——
	技术市场成交额占本地 GDP 的比例	技术市场成交额占本地 GDP 的比例（%）	正向	技术市场成交额/本地 GDP ×100%
	大中型工业企业新产品销售收入占总销售收入比重	大中型工业企业新产品销售收入占总销售收入比重（%）	正向	大中型工业企业新产品销售收入/总销售收入比重×100%
	大中型工业企业新产品产值率	大中型工业企业新产品产值率（%）	正向	大中型工业企业新产品产值/大中型工业企业产品产值×100%
经济结构优化效果指标	万元 GDP 综合能耗	万元 GDP 综合能耗（吨标准煤）	逆向	综合能耗/本地 GDP×10 000
	万元 GDP 工业废水排放量	万元 GDP 工业废水排放量（吨）	逆向	工业废水排放量/本地 GDP×10 000
	万元 GDP 工业废气排放量	万元 GDP 工业废气排放量（标立方米）	逆向	工业废气排放量/本地 GDP×10 000

五、评价指标体系信度与效度的检测

在效率评价指标体系构建以后，需要对评价指标体系进行检查和修正。通常，衡量指标体系合理科学与否的是指标体系的效度与信度。可以通过计算指标体系的效度与信度来评价指标体系的完备性、科学性和可行性。

1. 评价指标体系效度的检测

评价指标效度是指评价指标在多大程度上描述了评价对象的特征范畴并反映了评价目的，即评价指标反映评价对象客观要素的准确性程度。在省域科技资源配置效率评价中，如果确立的指标不能反映或不能完全反映省域科技资源配置效率这一评价对象的特性要求，那么，该指标体系就不具有较高的效度。如在设计指标体系时，只关注知识形态的成果指标，而忽视经济结构优化效果指标，只关注眼前效率，而忽视潜在的效率，都是不科学的。评价指标效度的评定主要通过经验判断进行，可以请一些熟悉该测量内容的人员来评判，并确定指标与所需测量的内容范畴之间关系的密切程度。评价指标效度评定常用“内容效度比”来表示，缩写为CVR。它的计算公式为：

$$CVR = \frac{ne - N/2}{N/2}$$

式中的 ne 为评价主体中认为某指标很好地表示了测量对象范畴的评价人数；N 为评价主体的总人数。这个公式表明，当认为指标体系适当的评价人数不到半数时，CVR 是负值。如果所有评价者都认为内容不当时，$CVR=-1$。当评价者中认为指标项目适合和不合适的人数对半时，$CVR=0$；而当所有评价者都认为指标项目内容很好时，$CVR=1$。对于本所构建的指标体系，我们征询了 10 位有关专家的意见，通过统计算出了各个指标与省域科技资源配置效率这一评价对象之间关系的密切程度，即内容效度比 CVR，将专家们的意见统一起来，得到了各指标的内容效度比值，见图 2.5。由图 2.5 可以发现，约有 87%的指标的效度比值在 0.6 以上。因此，该指标体系具有较高的效度，大部分指标很好地反映了测量对象的主要范畴。

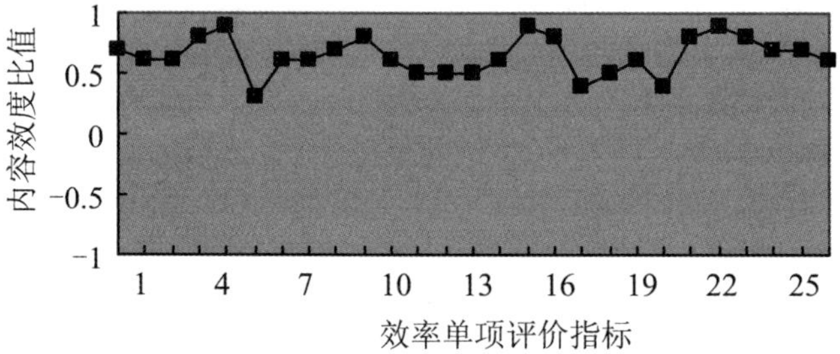

注：1—8是强度指标；9—14是结构指标；15—26是成效指标。

图 2.5 各评价指标的内容效度比值

2. 评价指标体系信度的检测

评价指标体系的信度是指指标数值在观测中测量结果的可靠性程度。省域科技资源配置效率评价指标是一个由多项指标要素组成的体系。高信度的指标体系应该是指标之间独立、内部结构良好、指标关系一致的体系。在检测过程中，可以通过对评价指标计算克朗巴哈(Cronbach)内部一致性系数来观察评价指标信度。克朗巴哈内部一致性系数——α 系数，能够准确地反映出评价指标的一致性程度和内部结构的良好性，它是目前评价中使用最广泛的信度评价方法。克朗巴哈 α 系数计算公式为：

$$\alpha = \frac{K}{K-1}\left(1 - \frac{\sum_{i=1}^{K} \sigma_{Y_i}^2}{\sigma_X^2}\right) \tag{5.5}$$

式中 K 为指标体系所包含的指标个数，当指标体系包含若干个子指标层时，K 为子指标层所含的指标个数，σ_{Y_i} 为各指标的标准差，$\sigma_{Y_i}^2$ 是第 i 个指标的方差，σ_X^2 即是总分的方差。克朗巴哈内部一致性系数计算比较方便，关键是指标体系具有较好的内部结构基础，指标之间的组合科学合理。

本章小结

本章在对省域科技资源配置效率指标述评的基础上，分析了 BSC 在省域科技资源配置效率指标体系构建中的适应性。认为平衡的理念适用于省域科技资源配置效率评价的指标设计、将战略目标转换为评价指标符合区域科技资源配置效率评价的特点、BSC 的分析方法适用于区域科技资源配置效率指标的设计。

依据 BSC 分析思路，将省域科技资源配置效率评价指标体系结构设计为科技资源配置强度、科技资源配置结构、科技资源配置效果三个维度。① 科技资源配置强度维度。该维度源于 BSC 基本框架中的财务指标。科技资源配置强度维度是描述省域科技资源配置效果的重要标准，并在省域科技资源配置效率评价的 BSC 模型中居于重要位置。该维度能清楚地反映社会各界投入了多少科技资源，为实现某一目标而进行的行为最终消耗了多少科技资源，为准确反映省域科技资源的各种产出奠定基础。该维度包括 2 个一级指标、8 个二级指标。② 科技资源配置结构维度。该维度源于 BSC 基本框架中的流程指标和学习与成长指标。企业财务业绩的提升、顾客需求的满足，以及股东价值的追求，都需要靠其内部良好的经营和流程来支撑。如新产品开发所用的时间、新产品销售额在总销售额中所占的比率、比竞争对手率先推出新产品的比例等。与一般企业的内部管理过程不同，省域科技资源配置的内部管理主要表现在科技资源在各领域和主要环节的分配比例，即科技资源配置结构，比如重要科技项目的科技经费占总经费的比例、人均科研经费支出、R&D 投入占 GDP 的比例等，科技资源配置结构在科技资源管理中居于重要地位，科技资源配置结构是否合理，直接反映出科技资源配置的内部管理是否有效，其对科技资源配置产生深远而广泛的影响。该维度包括 2 个一级指标、6 个二级指标。③ 科技资源配置效果。该维度源于 BSC 基本框架中的顾客指标。省域科技资源配置的效果能否得到社会的认可，关键在于两方面：一是能否实现科技资源的各种产出的最大化；二是能否把科技成果及时转化为现实的生产力，把科技优势转化为经济优势。科技成果转化，是将具有创新性的科技成果从科研单位转移到生产部门，使新产品增加，工艺改进，效益提高，并最终促进经济社会的进步与发展；它是科技与经济结合的中间环节，也是省域科技资源配置取得实效的关键环节。该维度包括 3 个一级指标、12 个二级指标。

第三章　省域科技资源配置效率评价模型的构建

评价模型是评价主体对评价客体的价值体系结构在形式上的概括。构建评价模型，对指标数值进行计算是省域科技资源配置效率评价过程中的关键环节，是确保评价纵向深入，得出准确评价结论的重要途径。本章依据模糊综合评价法和DEA的基本原理，构建省域科技资源配置效率的模糊综合评价模型和省域科技资源配置效率的三阶段DEA评价模型。

第一节　省域科技资源配置效率模糊综合评价模型的构建

一、运用模糊综合评价法评价省域科技资源配置效率的优势

模糊综合评价法是一种基于模糊数学的综合评价方法，该方法根据模糊数学的隶属度理论把定性评价转化为定量评价，即用模糊数学对受到多种因素制约的事物或对象作出一个总体的评价。将模糊综合评价方法应用于省域科技资源配置效率的评价过程中，具有以下几方面优势。

(1) 省域科技资源配置效率具有模糊性。省域科技资源配置效率之所以具有模糊性，其原因主要包括：一是省域科技资源配置效率结构的复杂性。省域科技资源配置效率结构因素之间相互交叉和融合，并且对它们的衡量无法用统一的标准和尺度，具有极度的复杂性。二是省域科技资源产出的复杂性。省域科技资源的产出具有多个维度，既包括直接产出，也包括间接产出；既包括知识方面的成果，也包括经济方面的成效；既包括短期效果，也包括长期效果。省域科技资源的产出不能像企业的产出那样进入市场体系形成货币价格。省域科技资源的产出不同于企业的产出，其确定与度量都是十分困难的。

(2) 省域科技资源配置效率边界具有非确定性。科技资源的产出尽管与科技

资源的投入有很大相关性，但事实上并不完全由科技资源的投入所决定，而是多种因素综合作用的结果，其中社会环境因素、社会制度因素等对科技资源的产出都具有不容忽视的影响。用经济学的语言来表述就是省域科技资源配置效率存在着外部性，即省域科技资源配置效率中有一部分是其他要素带来的，这就为准确评价省域科技资源配置效率带来了难度。模糊综合模型针对省域科技资源配置效率评价的这一特性，应用模糊数学工具，为评价的合理量化提供了一个广阔的空间。

(3) 便于省域科技资源配置效率的相互比较。省域科技资源配置是一个多投入、多产出的复杂系统，其配置效率评价过程涉及对省域科技资源投入和产出的多个数量指标的测量、分析和评价。模糊综合评价方法可以以各省域间最优的评价指标值为基准，设定其评价值为 1，其余欠优的评价指标依据欠优的程度分别得到相应的评价值。利用评价结果，可分别对各省域间科技资源投入、产出状况进行横向比较，分析存在差异的原因，以提出针对性的策略。

二、确定省域科技资源配置效率模糊综合评价指标权重的方法选择

采用模糊综合评价方法，必须确定各指标的权重。权重的确定是否合理，直接影响到评价的科学性。确定省域科技资源配置效率评价指标权重时，最难把握的是指标彼此间重要性量化的确定。运用模糊层次分析法可以比较准确地确定出各指标相对于某一目标的权重。

模糊层次分析法(The Fuzzy Analytic Hierarchy Process，简称 AHP)是一种较智能的系统评价方法，是由美国著名运筹学家、匹兹堡大学教授萨蒂(T. L. Saaty)在 20 世纪 70 年代所提出的。层次分析法是一种定性分析和定量分析相结合的评价决策方法。该方法将评价者对复杂系统的评价思维过程数学化，从而为多目标、多准则或无结构特性的复杂决策问题提供简便的决策方法。该方法自提出以来，广泛应用于多指标综合评价模型中，尤其适用于决策结果难以直接准确计量的场合。模糊层次分析法将问题分解为多个组成因素，并将这些因素按支配关系进一步分解，按目标层、准则层、指标层排列起来，形成一个多目标、多层次的模型，形成有序的递阶层次结构，通过两两比较的方式确定层次中诸因素的相对重要性，然后综合评价确定诸因素相对重要性的总顺序。首先将复杂的问题分解成目标、准则、方案等若干层次的系统，在每一层次，按照一定准则对该层元素进行逐对比较，并按标度定量化，形成判断矩阵。然后通过计算判断矩阵的最大特征值以及相对应的正交化特征向量，得出该元素对该准则的权重。在此基础上，可以计算出各层次元素对于目标准则的比重。也就是说层次分析法是在比原问题简单得多的层次上进行分析、比较量化、单排序，最终再逐级综合(总排序)，最后得到所需问题

的解[①]。模糊层次分析法具体流程如图 3.1 所示。

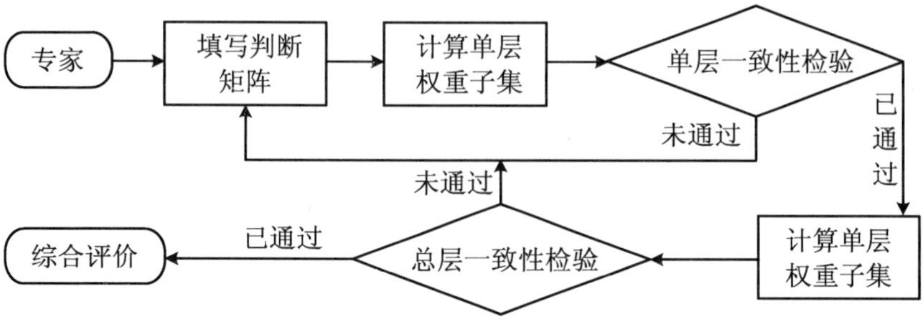

图 3.1　模糊层次分析法的实施流程

(1) 建立省域科技资源配置效率的递阶层次结构模型。应用模糊层次分析法分析问题时,先把省域科技资源配置效率层次化、条例化,构造出一个省域科技资源配置效率的递阶层次结构模型。该模型中的评价指标按照其层次关系形成若干层次,上一层次的指标作为准则对下一层次的有关指标起支配作用。这些层次包括:最高层(目标层),又称为顶层,该层只有一个指标,表示待分析问题的预定目标或理想结果,即省域科技资源配置效率;中间层(准则层),包括为了实现目标所要涉及的一些中间环节,它由若干个层次所组成,每个层次中都可以有多个指标,包括需要考虑的准则、子准则等。

(2) 构造省域科技资源配置效率评价指标的判断矩阵。判断矩阵是模糊层次分析法的基本信息,它表示在层次结构模型中,相对于上一层次的某一个指标而言,本层次有关指标之间相对重要度的比较。一般情况下,直接确定有关指标的相对重要度是很困难的,因此模糊层次分析法用两两比较的方式建立判断矩阵。设与上层指标 A 有关联的指标为 $a_1,a_2,\cdots,a_n$,以 $a_{ij}(i,j=1,2,\cdots,n)$表示 a_i 与 a_j 关于 A 的影响比值,于是得到判断矩阵 $\boldsymbol{P}$。

$$\boldsymbol{P}=\begin{pmatrix} a_{11} & a_{12} & \cdots & a_{1n} \\ a_{21} & a_{22} & \cdots & a_{2n} \\ \vdots & \vdots & & \vdots \\ a_{n1} & a_{n2} & \cdots & a_{nn} \end{pmatrix}$$

在确定的判断矩阵中,可采用专家调查法(Delphi)用数值形式给出 a_{ij} 的判断。两两指标相对重要性通常取 1,2,…,9 及它们的倒数作为标度,其标度含义见表 3.1。

---

① Vaidya O S. Analytic hierarchy process: an overview of application[J]. European Journal of Operational Research, 2006, 169(12): 1-29.

表 3.1　Saaty 标度衡量方法

a_{ij} 的 Saaty 标度	含　义
1	两指标(a_i,a_j)相比,具有同等重要程度
3	两指标(a_i,a_j)相比,a_i 比 a_j 稍微重要
5	两指标(a_i,a_j)相比,a_i 比 a_j 明显重要
7	两指标(a_i,a_j)相比,a_i 比 a_j 非常重要
9	两指标(a_i,a_j)相比,a_i 比 a_j 极端重要
2,4,6,8	取上述两相邻判断的中值
相应上述值的倒数	两指标(a_i,a_j)相比,a_i 比 a_j 的不重要的描述

(3) 层次单排序及一致性检验。层次单排序是由判断矩阵计算出的、某层次中被比较的指标相对于上一层次中作为准则的指标的相对重要度权值。在进行层次单排序时,由判断矩阵计算权值的方法有许多种,其中应用最广且计算较简便的属特征根法。特征根法的基本思路为:若判断矩阵 $\boldsymbol{P}$ 为一致性矩阵,先根据判断矩阵 $\boldsymbol{P}$ 求出其最大特征根 $\lambda_{\max}$,然后再求出其最大特征根对应的特征向量 $\boldsymbol{W}$,根据公式:

$$\boldsymbol{PW} = \lambda_{\max}\boldsymbol{W}$$

将特征向量 $\boldsymbol{W}$ 归一化后,其分量(w_1,w_2,…,w_n)就是因素 a_1,a_2,…,a_n 对于它们上层指标 A 的相对重要度权值。

(4) 层次总排序。利用同一层次中所有层次单排序的结果,就可以计算针对上一层次而言,本层次所有指标重要性的权值。层次总排序需要从上到下逐层进行。如果指标 A 隶属的 n 个指标 B_1,B_2,…,B_n 对 A 的排序数值向量为 $\boldsymbol{W}_{A\to B_i}$($a_1$,$a_2$,…,$a_n$),$B_{ik}$ 对指标 B_i 的层次单排序数值为向量 $\boldsymbol{W}_{B_i\to B_{ik}}$($b_1^i$,$b_2^i$,…,$b_k^i$)($i=1,2,\cdots,n$),此时 B_{ik} 对 A 的数值向量为:

$$\boldsymbol{W}_{A\to B_{ik}} = \boldsymbol{W}_{B_i\to B_{ik}} \times \boldsymbol{W}_{A\to B_i}$$

分别将一级指标 B_i 相对于总指标 A 的权重向量 $\boldsymbol{W}_{A\to B_i}$ 和二级指标 B_{ik} 相对于其隶属指标 B_i 的权重向量代入上述公式,可计算出层次总排序,即二级指标 B_{ik} 相对于总指标 A 的权重向量。综合评估指标权重即为所求。

三、省域科技资源配置效率模糊综合评价指标集、评语集与权重集的建立

模糊综合评价是在综合考虑多种因素的作用下,运用模糊数学工具对某事物的性质或状态做出的综合判断和评价。与其他评价方法相比,模糊综合评价法避

免了确定指标权重时的主观性，并通过对给定样本模式的学习，获取评价专家的经验、知识、主观判断及对目标重要性的倾向，当需要对样本模式以外的对象系统做出综合评价时，该方法便可再现评价专家的经验、知识和直觉思维，从而实现定性分析与定量分析的有效结合。建立评价指标集、评语集与权重集是构建省域科技资源配置效率模糊综合评价模型的重要基础。

评价指标集是评价省域科技资源配置效率的所有指标的集合，设评价指标集合为 $U=\{u_1,u_2,\cdots,u_n\}$，其中 $u_i(i=1,2,\cdots,n)$ 是考察省域科技资源配置效率的第 i 个指标。评语集是以省域科技资源配置效率评价指标的各种评判结果为元素所组成的集合，设评语集合 $V=\{v_1,v_2,\cdots,v_m\}$，其中 $v_i(i=1,2,\cdots,m)$ 是对每个配置效率评价指标的评语，可以为"优""良""中""差"这样的判断，可以为"A""B""C"这样的等级定性判断，也可以对应指标的数量值。权重集是评价指标集上的模糊子集，表示省域科技资源配置效率评价各指标的不同重要程度，对应于指标集，设权重集为 $\boldsymbol{W}=\{w_1,w_2,\cdots,w_n\}$，其中 $w_i(i=1,2,\cdots,n)$ 为对应指标集中第 i 个指标的重要程度。

四、省域科技资源配置效率模糊综合评价矩阵的建立

省域科技资源配置效率评价的模糊集分为两类：一类为反映指标集合 U 各元素在评估人员认为的重要程度值，表现为指标集合 U 上的模糊权重向量 $\boldsymbol{W}=(w_1,w_2,\cdots,w_n)$，AHP 是求得模糊权重向量的一个好方法；另一类是从指标集合 U 到评语集合 V 上的模糊关系即 $U\times V$ 的模糊运算，表现为 $n\times m$ 模糊矩阵 $\boldsymbol{R}$，模糊矩阵 $\boldsymbol{R}$ 反映了评价人员对各评价对象的价值观念和偏好结构。模糊综合评价即根据模糊权重向量 $\boldsymbol{W}=(w_1,w_2,\cdots,w_n)\in F(U)$，以及一个从 U 到 V 的模糊变换 f，对每一个指标作判断 $f(u_i)=(r_{i1},r_{i2},\cdots,r_{im})\in F(V)(i=1,2,\cdots,n)$，据此构造模糊矩阵 $\boldsymbol{R}=[r_{ij}]_{n\times m}\in F(U\times V)$，其中 r_{ij} 表示指标 u_i 具有评语 v_j 的程度。进而通过模糊矩阵的合成运算，求解模糊综合评价模型 $\boldsymbol{B}=\boldsymbol{W}\circ\boldsymbol{R}=(b_1,b_2,\cdots,b_m)\in F(V)$。最后，通过模糊模式识别技术判定评价对象所处的状态、水平。因此，模糊综合评价数学模型涉及三方面要素：

其一，评价指标集合，即因素集 $U=\{u_1,u_2,\cdots,u_n\}$；

其二，评语集合，即决断集 $V=\{v_1,v_2,\cdots,v_m\}$；

其三，因素的判断 $f:U\rightarrow F(V)$，$u_i\mapsto f(u_i)=(r_{i1},r_{i2},\cdots,r_{im})\in F(V)$。由 f 可诱导出模糊关系 $R_f\in F(U\times V)$，其中 $R_f=(u_i,v_j)=f(u_i)(v_j)=r_{ij}$，而由 R_f 构成的模糊矩阵记为 $\boldsymbol{R}=[r_{ij}]_{n\times m}\in F(U\times V)$。

五、省域科技资源配置效率模糊综合评价合成算子的选择

模糊综合评价法是通过图 3.2 的运算流程对评价矩阵 $\boldsymbol{R}$ 和权重向量 $\boldsymbol{W}$ 进行合成运算，以取得模糊评价子集 $\boldsymbol{B}=\boldsymbol{W}\circ\boldsymbol{R}$，其优势在于考虑了客观事物内部关系的错综复杂，考虑了价值系统的模糊性。但模糊综合评价中，模糊隶属函数的确定及指标参数的模糊化会掺杂人为因素并丢失有用的信息，因此，其算子的选取相当关键。

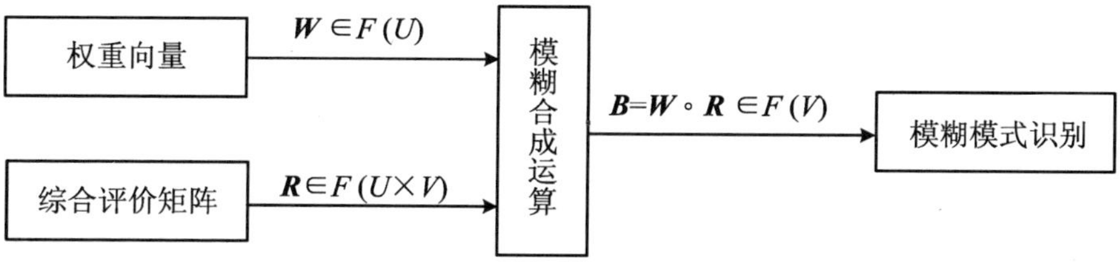

图 3.2　模糊综合评价模型运算流程

对于模糊综合评价模型 $\boldsymbol{B}=\boldsymbol{W}\circ\boldsymbol{R}=(b_1,b_2,\cdots,b_m)\in F(V)$，其中，合成运算符 $\circ$ 为：

$$b_j=\bigvee_{k=1}^{n}{}^{*}(w_k\wedge^{*}r_{kj})$$

简记此综合评价模型为 $M(\wedge^{*},\vee^{*})$。显然计算 b_j 的算子 $(\wedge^{*},\vee^{*})$ 的选择很重要，不同的算子适用于解决不同的实际问题，通常可分为以下四种类型。

模型 1　因素决定型 $M(\wedge,\vee)$：$b_j=\bigvee_{k=1}^{n}(w_k\wedge r_{kj})$，其中"$\vee$"称为模糊并，表示取比较元素间的极大值，"$\wedge$"称为模糊积，表示取比较元素间的极小值，此模型的结果只考虑到最突出的因素，其他因素并不真正起作用，容易出现评价结果不易分辨的情况，导致模型失效。

模型 2　主因素突出Ⅰ型 $M(\cdot,\vee)$：$b_j=\bigvee_{k=1}^{n}(w_k\cdot r_{kj})$，此模型兼顾了所有因素，没有丢失信息。

模型 3　主因素突出Ⅱ型 $M(\wedge,\oplus)$：$b_j=\bigoplus_{k=1}^{n}(w_k\wedge r_{kj})$，这里的运算 $\oplus$ 为模糊有界和，即 $a\oplus b=\min(1,a+b)$。

模型 4　加权平均型 $M(\cdot,+)$：$b_j=\sum_{k=1}^{n}(w_k\cdot r_{kj})$，兼顾考虑到了整体因素，其中"$\cdot$，$+$"为普通积和普通和。

从不同角度观察，结论是不同的。如果对模糊综合评价模型采取不同的基本

算法，即使对同一对象，结果可能有差别，这是符合认识事物的客观实际规律的。因此，对实际问题进行综合评价时，必须根据问题的特点和研究的角度，采取合适的算法，一般说来，模型 1、模型 2 和模型 3 比较粗糙，适合用重点考虑主要因素的综合评价，而模型 4 结果比较精确，它适用于兼顾考虑整体的综合评价。根据科技资源配置的特点，省域科技资源配置效率模糊综合评价的合成算子应选取模型 4。

表 3.2 模糊综合的四种算子

特点	算子			
	$M(\wedge,\vee)$	$M(\cdot,\vee)$	$M(\wedge,\oplus)$	$M(\cdot,\oplus)$
体现权数作用	不明显	明显	不明显	明显
综合程度	弱	弱	强	强
利用 R 的信息	不充分	不充分	比较充分	充分
类型	主因素决定型	主因素突出Ⅰ型	主因素突出Ⅱ型	加权平均型

对于综合评价模型的模糊评价子集 B，可以在提取对象识别特征基础上，建立标准类型的隶属函数(标准类型通常是特征域上的模糊集)，然后选取识别判决准则，并用之识别对象。模式识别是指对某一事物进行判断、识别和分类。模糊模式识别是基于模糊集的模式识别，主要有两类：一类是元素对标准模糊集的识别，即待识别的对象是明确的元素，而识别标准是模糊的；另一类是模糊集对模糊集的识别，即待识别的对象是模糊的，标准类型也是模糊的。省域科技资源配置效率综合评价模型属于元素对标准模糊集的识别模型，一般有 3 种识别准则：最大隶属度原则、阈值原则、重心法则。根据科技资源配置的数据、模型特点以及效率评价要求，本书选取的识别方法为阈值原则，即取定水平 $\alpha\in[0,1]$，如果 $A_k(x_0)\geqslant\alpha$，则认为 x_0 相对隶属于 A_k，如果 $A_k(x_0)<\alpha$ 则认为 x_0 相对地不隶属于 A_k。

第二节　省域科技资源配置效率三阶段 DEA 评价模型的构建

一、运用 DEA 模型评价省域科技资源配置效率的优势

DEA(Date Envelopment Analysis)即数据包络分析，是由著名运筹学家查尼斯(A. Charnes)和库伯(W. W. Cooper)等在“相对效率评价”概念基础上发展起来的一种新的系统分析方法。DEA 方法以决策单元的投入、产出指标的权重系数为

变量，借助于数学规划模型将决策单元投影到 DEA 生产前沿面上，通过比较决策单元偏离 DEA 生产前沿面的程度来对被评价决策单元的相对有效性进行综合绩效评价。DEA 模型是评价省域科技资源配置效率的有效手段，运用 DEA 模型评价省域科技资源配置效率具有以下优势。

(1) 运用 DEA 模型评价省域科技资源配置效率具有较强的客观性和可操作性。省域科技资源配置是一个多目标的动态系统，对其效率的评价需要从不同的侧面，用多个指标加以描述，而这些指标往往不能用同一量纲加以表述。运用 DEA 模型则无需考虑量纲的同一化问题，评价过程完全是以精确的数据为基础，同时，DEA 以决策单元各输入输出的权重为变量，从最有利于决策单元的角度进行评价，克服了其他一些方法必须确定各指标在优先意义下的权重时不可避免的主观随意性，使评价结果更加准确和有效。随着线性规划单纯形求解技术的进一步成熟，该方法具有较强的可操作性。

(2) 能对有多项评价指标的投入或产出进行综合系统测量。省域科技资源配置效率是一个多方投入、多方产出的复杂系统。省域科技资源配置效率评价过程涉及对省域科技资源投入和产出的多个数量指标的测量、分析和评价。传统的评价方法，如投入-产出法、效益成本比率法等都比较适用于评价对象单一的项目，不适用于综合效率评价，尤其在多投入、多产出且同时存在多个评价部门或对象的条件下，更难以操作实施。DEA 综合模型是一个基于相对效率概念而发展起来的一种新的效率评价方法。运用 DEA 模型避开了投入产出多个数量指标的交互作用与关系影响的显性表示，通过确定“有效前沿面”中被评价对象的相对有效性对其定位，从而能证明评价具有多投入、多产出以及评价对象多元性特征的省域科技资源配置效率。通过与模糊综合模型评价结果相比，两者具有较好的一致性，与实际情况相吻合。

(3) 运用 DEA 模型可以分析出各评价对象的相对规模收益情况。省域科技资源配置效率的产出指标之间存在“效益背反”的现象，即科技资源配置效率各指标之间存在“成本交替损益”的矛盾，也就是说某一指标要素的优化必然会引起另外一个或几个指标要素的利益损失，反之亦然。利用 DEA 模型可以反映出省域科技资源配置效率的规模收益，为改进和提升科技资源配置效率提供有价值的参考。

(4) 为省域科技资源配置效率的提升提供可靠依据。运用 DEA 方法分析省域科技资源配置效率，可以确定出各个被评价对象在有效前沿面上投影，从而得到其在相应的科技资源投入情况下所产生的最佳效益。这一相应的科技资源投入即为该省域的最小投入，从而为评价对象改进工作状况、调整决策、实现资源配置最优化提供可靠的依据。

当然，应用 DEA 模型评价科技资源配置效率时，需注意几个问题：一是要分析该模型适用性，应选择一致的评价对象，如果评价对象不一致，则不能运用 DEA 模型；二是确立科学的指标体系，指标必须达到一定规模；三是分析评价结果时，可根据评价目的适当地拓展评价模型的功能。

二、省域科技资源配置效率三阶段 DEA 评价模型的设计思路

目前，有不少学者尝试利用传统的 DEA 方法，对科技资源配置效率评价进行研究，比如有学者运用 DEA 分析了四川省科技资源配置状况，并根据分析结果，提出一些建议，有学者运用 DEA 对吉林省科技资源配置有效性进行横向与纵向的评价，并指出吉林省科技资源配置的关键不足，还有学者对科技资源配置效率常用评价方法的不足和缺陷进行研究，在此基础上提出了基于 DEA 的交叉评价方法，并以安徽省为例对其 1990—2009 年科技资源配置效率进行了测度，分析了安徽省科技资源配置效率的影响因素。

但是，传统的 DEA 方法存在缺陷，它不能剥离误差因素和外部环境对效率值的影响，因此计算出来的效率值并不能真实反映实际效率。为了解决这个问题，Fried 等①提出了 DEA 三阶段法，这是一种新的效率评价模型。DEA 三阶段法最大的优点是能够去除非管理的因素(随机误差与外部环境)对效率的影响，使决策单元处于同质环境中，这样计算出来的效率值能更如实地反映管理水平高低。

本书将 DEA 三阶段法应用于省域科技资源配置效率评价，所设计的省域科技资源配置效率三阶段 DEA 评价模型的基本思路是：在第一阶段，将省域科技资源的投入产出项代入传统的 DEA 模型，得到投入(或产出)与各样本的效率值差额。在第二阶段，为了排除环境和误差因素的影响，通过随机前沿法，使用所选择的环境变量和投入冗余，来调整省域科技资源的投入项(或产出项)，这样做的主要优势在于：第一，模型得出的前沿面是随机的，各生产单元无须共用同一前沿面；第二，通过对误差项进行区分，模型可以更准确地反映实际的效率水平。在第三阶段，将原始的投入项与调整后的产出项(或原始的产出项与调整后的投入项)再次代入 DEA 模型，最后得出的效率值就是剔除了随机误差与环境因素影响的实际效率值。

---

① Fried H O, Lovell C A K, Schmidt S S, Yaisawarng S. Accounting for environment effects and statistical noise in data envelopment analysis[J]. Journal of Productivity Analysis, 2002,17(12):157-174.

三、省域科技资源配置效率第一阶段 DEA 评价模型设计

自数据包络分析法提出以来，在企业、医院、教育、科研等单位的应用方面都得到迅速发展，并取得多方面的成果，现已成为管理科学、系统工程、决策分析、评价技术等领域中一种常用且重要的分析工具和研究手段。DEA 的效率评价思想如图 3.3 所示。

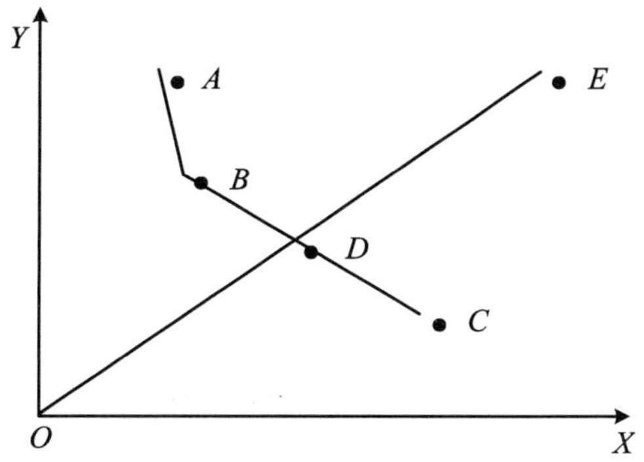

图 3.3　DEA 的效率评价思路

在图 3.3 中，有 5 个决策单元 A、B、C、D、E，其中 A、B、C、D 分别表示有效率的 DMU，它们构成生产前沿面 $ABCD$，该生产前沿面是由一系列的分线段组成的等产量线的组合，E 表示无效率的 DMU。对于无效的决策单元 E 来说，在前沿面上对应的决策单元为 D。用 D 点的投入也可以生产出不少于 E 的产出，这说明了 E 使用了过多的资源；相对于 D 来说，E 是无效的，而 D 是技术有效的。此时，E 的效率为 OD/OE，当 $OD/OE=1$ 时，DMU_E 是有效的；当 $OD/OE<1$ 时，DMU_E 是无效的。DEA 正是基于这一思想，通过观测数据构造线性规划模型，求出各个决策单元的相对效率，当决策单元处于包络面上时，效率值为 1。

在省域科技资源配置效率 DEA 评价模型的第一阶段，需对决策单元进行划分、对评价指标体系进行确定，并对传统的评价模型进行选择。

(1) 省域科技资源配置效率 DEA 评价决策单元的划分。一个经济系统或一个生产过程都可以看成是一个单位(或一个部门)在一定可能范围内，通过投入一定数量的生产要素并产出一定数量的“产品”的活动。即使这种活动的具体内容各不相同，但其目的都是尽可能地使这种活动取得最大的“效益”。由于从“投入”到“产出”需要经过一系列决策才能实现，或者说，由于“产出”是决策的结果，所以这样的单位(或部门)被称为决策单元(Decision Making Unit，简称 DMU)。因此，可以认为，每个 DMU 都代表或表现出一定的经济意义，它的基本特点是具有一定的

输入和输出，并且将输入转化成输出的过程中，努力实现自身的决策目标。

利用 DEA 模型评价省域科技资源配置效率，首先必须明确模型的决策单元，也就是评价对象。该模型最大的功能就是可以分析不同的决策单元之间的相对有效性。多个决策单元的选定必须满足以下三个要求：具有相同的目标和任务；具有相同的工作环境；具有相同的投入和产出指标等。在本书中，每个省域即为一个该模型的决策单元。

(2) 评价指标体系的确定。DEA 模型是利用决策单元的投入和产出指标数据对评价单元的相对有效性进行评定，因此，指标体系的科学确定是运用该模型的基本前提。在确定指标体系时，应充分考虑决策单元之间的一致性，充分反映评价目的，投入和产出的指标数量要达到一定规模，而且应充分避免输入和输出指标体系内部的强线性关系。指标体系之间交叉、重复、冲突将会影响到评价结果的科学性。指标的确定还要考虑指标的重要性、可获得性、可操作性和针对性。每个决策单元都有 m 种类型的"输入"，以及 s 种类型的"输出"，分别对应该决策单元的"耗费的资源"和"工作的绩效"，如表 3.3 所示。

表 3.3 各决策单元的输入输出指标

输入指标	DMU_1	DMU_2	…	DMU_j	…	DMU_n
v_1	x_{11}	x_{12}	…	x_{1j}	…	x_{1n}
v_2	x_{21}	x_{22}	…	x_{2j}	…	x_{2n}
…	…	…	…	…	…	…
v_m	x_{m1}	x_{m2}	…	x_{mj}	…	x_{mn}
输出指标	DMU_1	DMU_2	…	DMU_j	…	DMU_n
u_1	y_{11}	y_{12}	…	y_{1j}	…	y_{1n}
u_2	y_{21}	y_{22}	…	y_{2j}	…	y_{2n}
…	…	…	…	…	…	…
u_s	y_{s1}	y_{s2}	…	y_{sj}	…	y_{sn}

其中，$\boldsymbol{X}_j=[x_{1j},x_{2j},\cdots,x_{mj}]^{\mathrm{T}}$，$\boldsymbol{Y}_j=[y_{1j},y_{2j},\cdots,y_{sj}]^{\mathrm{T}}(j=1,2,\cdots,n)$，则可以用$(\boldsymbol{X}_j,\boldsymbol{Y}_j)$表示第 j 个决策单元 DMU_j。

(3) 传统 DEA 评价模型的选择。对第 j_0 个决策单元进行效率评价，DMU_{j_0} 简记为 DMU_0，$[\boldsymbol{X}_{j_0},\boldsymbol{Y}_{j_0}]$为$[\boldsymbol{X}_0,\boldsymbol{Y}_0]$，$h_{j_0}$ 为 $h_0(1\leqslant j_0\leqslant n)$。则模型如下：

$$
(C^2R-\overline{P})\begin{cases}\max \quad h_0=\dfrac{\boldsymbol{u}^{\mathrm{T}}\boldsymbol{Y}_0}{\boldsymbol{v}^{\mathrm{T}}\boldsymbol{X}_0}=V_{\overline{\mathrm{P}}}\\ \text{s. t.} \quad h_j=\dfrac{\boldsymbol{u}^{\mathrm{T}}\boldsymbol{Y}_0}{\boldsymbol{v}^{\mathrm{T}}\boldsymbol{X}_0}\leqslant 1 \quad (j=1,2,\cdots,n)\\ \qquad \boldsymbol{v}\geqslant 0,\ \boldsymbol{u}\geqslant 0\end{cases}
$$

其中，x_{mj} 为第 j 个决策单元对第 m 种类型输入的投入量，$x_{mj}>0$；y_{sj} 为第 j 个决策单元对第 s 种类型输出的产出量，$y_{sj}>0$。对应权系数 $\boldsymbol{v}=[v_1,v_2,\cdots,v_m]^{\mathrm{T}}$，$\boldsymbol{u}=[u_1,u_2,\cdots,u_s]^{\mathrm{T}}$，$v_i$ 表示第 i 种类型输入的权重，$v_i\geqslant 0$；u_r 表示第 r 种类型输出的权重，$u_r\geqslant 0(i=1,2,\cdots,m;r=1,2,\cdots,s;j=1,2,\cdots,n)$。

x_{ij} 和 y_{rj} 可以根据历史资料或现实预测而得知，是已知数据。$v_i(i=1,2,\cdots,m)$ 及 $u_r(r=1,2,\cdots,s)$ 为权系数，是不确定的。这个规划模型是一个分式模型。DEA 模型有两种形式，一种是分式规划模型，另一种是线性规划模型。两种形式是等价的，分式规划模型是产出与投入（输出与输入）数据比率值，线性规划模型通过一系列的公理假设转化而来。出于计算上的方便，线性规划模型常被使用。可以经 Charnes-Cooper 变换，将该分式规划模型转化成一个等价的线性规划模型。令

$$
t=\frac{1}{\boldsymbol{v}^{\mathrm{T}}\boldsymbol{X}_0},\quad \boldsymbol{w}=t\boldsymbol{v},\quad \boldsymbol{k}=t\boldsymbol{u}
$$

则原有的 C^2R 分式规划模型转化为：

$$
(C^2R-P)\begin{cases}\max \quad \boldsymbol{k}^{\mathrm{T}}\boldsymbol{Y}_0=V_{p_1}\\ \text{s. t.} \quad \boldsymbol{w}^{\mathrm{T}}\boldsymbol{X}_j-\boldsymbol{k}^{\mathrm{T}}\boldsymbol{Y}_j\geqslant 0 \quad (j=1,2,\cdots,n)\\ \qquad \boldsymbol{w}^{\mathrm{T}}\boldsymbol{X}_0=1\\ \qquad \boldsymbol{w}\geqslant 0,\ \boldsymbol{k}\geqslant 0\end{cases}
$$

线性规划问题 P_1 的对偶规划为（加入松弛向量 $\boldsymbol{S}^+$ 及 $\boldsymbol{S}^-$ 以后）：

$$
(C^2R-D)\begin{cases}\min \quad \theta\\ \text{s. t.} \quad \sum\limits_{j=1}^{n}\boldsymbol{X}_j\lambda_j+\boldsymbol{S}^-=\theta\boldsymbol{X}_0\\ \qquad \sum\limits_{j=1}^{n}\boldsymbol{Y}_j\lambda_j-\boldsymbol{S}^+=\boldsymbol{Y}_0\\ \qquad \lambda_j\geqslant 0 \quad (j=1,2,\cdots,n;\ \boldsymbol{S}^+\geqslant 0;\ \boldsymbol{S}^-\geqslant 0)\end{cases}
$$

设线性规划问题（C^2R-D）的最优解为 $\lambda^0,\boldsymbol{S}^{-0},\boldsymbol{S}^{+0},\theta^0$，于是① 若 $\theta_0=1$ 且 $\boldsymbol{S}^{-0}\neq 0,\boldsymbol{S}^{+0}\neq 0$ 时，则 DMU_0 为弱 DEA 有效；② 若 $\theta_0=1$ 且 $\boldsymbol{S}^{-0}=0,\boldsymbol{S}^{+0}=0$，则 DMU_0 为 DEA 有效；③ 若 $\theta_0<1$，则 DMU_0 为 DEA 无效。

此外，利用（C^2R-D）计算的结果，还可以进行“规模收益”分析和投入冗余率

和产出不足率分析。

记 $\sigma = 1/(\theta\sum_{1}^{n}\lambda j)$ 称其为决策单元的规模有效性系数,则决策单元的"规模收益"状态可依据以下条件判断:① 若 $\delta > 1$,则表示 DMU_0 规模收益递减;从生产理论角度看,此时 DMU_0 在投入 $\boldsymbol{X}_0$ 的基础上增加投入量,产出量不可能有更高比例的增加,没有再增加投入的必要。② 若 $\delta = 1$,则表示 DMU_0 规模收益不变;此时 DMU_0 达到最大产出规模点,此时的投入规模是最有效的。③ 若 $\delta < 1$,则表示 DMU_0 规模收益递增;此时 DMU_0 在投入 $\boldsymbol{X}_0$ 的基础上增加投入量,产出量将有更高比例的增加,"回报"是递增的。

DMU 中投入指标各分量的松弛变量 $\boldsymbol{S}_{ij}^-$ 与对应指标分量 $\boldsymbol{X}_{ij}$ 的比值为投入冗余率,记为 $\alpha_{ij} = \boldsymbol{S}_{ij}^- / \boldsymbol{X}_{ij}$ 表示该投入指标分量可节省的比例。同样地,记 $\beta_{ij} = \boldsymbol{S}_{ij}^- / \boldsymbol{X}_{ij}$,为产出不足率,表示该产出指标分量可以增加的比例。

DEA 模型的 C²R 模型是在所研究的生产可能集 T 满足凸性、锥性、无效性和最小性四条公理的条件下得出的。但实际上,并不是任何时候锥性都成立。1984 年 Bank-er,A · Charnes 和 W · W · Cooper 基于以上考虑,提出了不考虑生产可能集满足锥性的 DEA 模型,简记为 BC² 模型。同样,引入松弛变量和非阿基米德无穷小量 ε,以简化求解和判别最优解的过程,得到该模型的具体形式如下:

$$(BC^2 - D_\varepsilon)\begin{cases} \min \quad \theta \\ \text{s. t.} \quad \sum_{j=1}^{n}\lambda_j \boldsymbol{X}_j + \boldsymbol{S}^- = \theta\boldsymbol{X}_0 \\ \qquad \sum_{j=1}^{n}\lambda_j \boldsymbol{Y}_j + \boldsymbol{S}^+ = \boldsymbol{Y}_0 \\ \qquad \sum_{j=1}^{n}\lambda_j = 1 \\ \qquad \lambda_j \geqslant 0 \quad (j = 1,2,\cdots,n) \\ \qquad \boldsymbol{S}^+ \geqslant 0, \boldsymbol{S}^- \geqslant 0 \end{cases}$$

设线性规划问题$(BC^2 - D_\varepsilon)$的最优解为 $\lambda^0, \boldsymbol{S}^{-0}, \boldsymbol{S}^{+0}, \theta^0$,则① 若 $\theta^0 = 1$ 且 $\boldsymbol{S}^{-0} = 0, \boldsymbol{S}^{+0} = 0$,则决策单元 DMU_0 为 DEA 有效,即在这 n 个决策单元组成的经济系统中在原投入 $\boldsymbol{X}_0$ 的基础上所获得的产出 $\boldsymbol{Y}_0$ 已达到最优;② 若 $\theta^0 = 1$ 且 $\boldsymbol{S}^{-0} \neq 0$,$\boldsymbol{S}^{+0} \neq 0$ 时,则称 DMU_0 为 DEA 弱有效,即在这 n 个决策单元组成的经济系统中对于投入 $\boldsymbol{X}_0$,可减少 $\boldsymbol{S}^-$ 而保持原产出 $\boldsymbol{Y}_0$ 不变,或在投入 $\boldsymbol{X}_0$ 不变的情况下可将产出提高 $\boldsymbol{S}^+$;③ 若 $\theta^0 < 1$,则称 DMU_0 为 DEA 无效。

此外,BC² 模型把 C²R 规模报酬不变的假设改为规模报酬可变,从而将 C²R 模式中的技术效率(TE)分解为规模效率(SE)和纯技术效率(PTE),即技术效率=规模效率×纯技术效率。这样，BC^2 模式就把造成技术无效的两个原因，即未处于最佳规模和生产技术上的低效率分离开来，剔除了规模因素的影响，比 C^2R 模型下的技术效率更为准确地反映了被评估决策单元的经营管理水平①。在以 DEA 方法估计效率前沿面时有两种模型，一个是投入导向型，另一个是产出导向型。投入导向型是在产出不变的情况下，衡量要素投入减少的比例；产出导向型则是在要素投入不变的情况下，衡量产出增加的比例。Lovell 认为如果决策单元可以自由地调整其投入要素则应当采用投入导向模型来分析其技术效率。就科技资源配置而言，对于投入要素的控制远比对产出的控制容易，因此本书选择投入导向型的 BC^2 模型计算原始投入产出的效率值。

本书采用 C^2R 模型与 BC^2 评价模型，作为省域科技资源配置效率三阶段 DEA 评价模型的第一阶段。但第一阶段的模型并不能将随机误差、外部环境因素对效率值的影响效果区分开来，因此得出的效率值无法反映真实原因，是由管理原因造成的低效，还是由随机干扰和环境因素所导致的低效，需要进入第二阶段的分析。

四、省域科技资源配置效率第二阶段 SFA 回归模型设计

由于第一阶段得出的投入/产出松弛变量受环境因素、随机因素的影响。在第二阶段通过构建类似 SFA 模型，加入随机误差因素，对环境变量进行回归分析，并得到这些因素的影响，从中剔除环境因素和随机因素，得出仅由管理无效率造成的 DMU 投入冗余。该阶段的基本思想是对每一种样本投入都加入一个投入冗余回归模型，这样就可以允许环境变量对于不同的投入冗余有不同的影响，具体模型如下：

首先，建立松弛变量：

$$s_{ij} = x_{ij} - \lambda x_{ij}, i = 1,2,\cdots,n; j = 1,2,\cdots,m$$

其中，x_{ij} 为第 i 个决策单元 DMU 第 j 种的投入，λx_{ij} 为第 i 个决策单元 DMU 第 j 种的投入在效率前沿面上的最优投入值，s_{ij} 为相应的投入松弛量。

其次，建立投入冗余量与环境变量的回归模型：

$$s_{ij} = f^j(z_i;\beta^j) + v_{ij} + u_{ij}, i = 1,2,\cdots,n; j = 1,2,\cdots,m$$

该模型中 s_{ij} 是投入松弛变量，表示第 i 个决策单元 DMU 第 j 种投入的差额值；$z_i = [z_{1i} + z_{2i} + \cdots + z_{ki}]$ 表示 k 个环境变量，β^j 是需要估算的解释环境变量的未

① 王雪青，周蜀国，刘炳胜. 基于三阶段 DEA 模型的中国区域建筑业效率实证研究[J]. 建筑经济，2011(12)：8 - 13.

知参数；$f^j(z_i;\beta^j)$表示环境变量对投入松弛变量 s_{ij} 的影响，一般取 $f^j(z_i;\beta^j)=z_i\beta^j$；$v_{ij}$ 是第 i 个决策单元 DMU 在第 j 个投入时产生的随机误差、随机干扰，并假设 $v_{ij}:N(0;\sigma_{vj}^2)$；$u_{ij}$ 是第 i 个决策单元 DMU 在第 j 个投入时产生的管理无效的非负随机变量，并假设 u_{ij} 服从截断正态分布，即 $u_{ij}:N(u^j;\sigma_{uj}^2)$；$v_{ij}+u_{ij}$ 为混合误差项，且 v_{ij} 与 u_{ij} 独立不相关。当 $\gamma=\sigma_{uj}^2/(\sigma_{uj}^2+\sigma_{vj}^2)$趋于 1 时，管理因素的影响占主导地位；当 $\gamma=\sigma_{uj}^2/(\sigma_{uj}^2+\sigma_{vj}^2)$趋于 0 时，随机误差的影响占主导地位。

利用 SFA 模型的回归结果对各 DMU 投入进行调整，有两种方法可使用：一是增加处于较好环境决策单元的投入；二是减少处于较差环境决策单元的投入。考虑到投入不可能为负，所以本书采用第一种方法，对处于较好外部环境和运气的 DMU 增加投入，从而剥离环境因素和随机因素的影响。以最有效的 DMU 的投入为基准，对各样本的投入量的调整如下：

$$\boldsymbol{X}_{ij}=x_{ij}+[\max_i(z_i\hat{\beta}^j)-z_i\hat{\beta}]+[\max_i(\hat{v}_{ij})-\hat{v}_{ij}]$$
$$(i=1,2,\cdots,n;j=1,2,\cdots,m)$$

该公式中，x_{ij} 为第 i 个决策单元 DMU 第 j 项投入的实际值，$\boldsymbol{X}_{ij}$ 为其调整后的值；$\hat{\beta}^j$ 为环境变量参数的估计值，$\hat{v}_{ij}$ 为随机干扰项的估计值。第一个中括号表示把全部决策单元调整为相同环境，第二个中括号表示将全部决策单元的随机误差调整为相同情形。

五、省域科技资源配置效率第三阶段 DEA 评价模型设计

在第三阶段中，将第二阶段得到的调整后的投入数据与原始产出数据再次带入 BC^2 模型，计算各决策单元的效率值，由此得到的即为剔除了环境因素和随机因素后，更加真实和客观地反映了各省域科技资源配置的实际效率。

本 章 小 结

本章首先分析了模糊综合评价模型运用于省域科技资源配置效率评价的优势，认为省域科技资源配置效率具有模糊性、省域科技资源配置效率边界具有非确定性等特点，适合用基于模糊数学的综合评价方法，运用模糊综合评价模型评价省域科技资源配置效率，利用评价结果，可分别对各省域间科技资源投入、产出状况进行横向比较，分析存在差异的原因，以提出针对性的策略。在此基础上，构建了省域科技资源配置效率模糊综合评价模型，包括选择省域科技资源配置效率模糊

综合评价指标权重的确定方法，建立省域科技资源配置效率模糊综合评价指标集、评语集与权重集，建立省域科技资源配置效率模糊综合评价矩阵，选择省域科技资源配置效率模糊综合评价合成算子等方面。其次，分析运用 DEA 模型评价省域科技资源配置效率的优势，认为运用 DEA 模型评价省域科技资源配置效率具有较强的客观性和可操作性、能对有多项评价指标的投入或产出进行综合系统测量、运用 DEA 模型可以分析出各评价对象的相对规模收益情况、为省域科技资源配置效率的提升提供可靠依据；并指出传统的 DEA 方法在评价科技资源配置效率时所存在的缺陷，将 DEA 三阶段法应用于省域科技资源配置效率评价，提供了所设计省域科技资源配置效率三阶段 DEA 评价模型的基本思路。在此基础上，构建了省域科技资源配置效率三阶段 DEA 评价模型，包括省域科技资源配置效率第一阶段 DEA 评价模型的设计、第二阶段 SFA 回归模型的设计和第三阶段 DEA 评价模型的设计。

第四章　省域科技资源配置效率评价的实证分析

本章在确定省域科技资源配置效率评价指标权重、评价样本选择的基础上，研究运用模糊综合评价模型和三阶段 DEA 模型评价省域科技资源配置效率中的有效性，运用模糊综合模型对 2002—2008 年中部六省的科技资源配置的总体效率进行实证评价，运用三阶段 DEA 模型对 2009—2010 年中部六省科技资源配置的技术效率和规模效率进行实证评价。

第一节　基于模糊综合评价模型的中部六省科技资源配置效率评价

一、省域科技资源配置效率评价样本的选择

样本选择是实证研究过程中的一个重要环节，样本选择的好坏直接影响研究结论的科学性。本书选择中部六省 2001—2010 年的科技资源配置效率作为评价样本，实证研究省域科技资源配置效率评价问题，是基于中部六省在全国区域协调发展中的战略性地位和有代表性的省情。

(1) 样本地位的战略性。山西、河南、安徽、湖北、湖南、江西六个中部省份，地处中国内陆腹地，起着承东启西、接南连北、吸引四面、辐射八方的作用。中部依靠全国 10.7%的土地，承载全国 28.1%的人口，创造全国 19.5%的 GDP，是我国的人口大区、经济腹地和重要市场，在中国地域分工中扮演着重要角色。从中国整体发展的角度考虑，中部就是中国的“腰”和“心腹”，只有“腰板”直了，中国这个巨人才能走得正、走得稳，中国经济才能协调健康发展。2010 年 8 月，国家发改委批准通过《促进中部地区崛起规划实施意见的通知》和《关于促进中部地区城市群发展的指导意见的通知》，正是基于其战略地位的考虑。

(2) 样本的典型性和代表性。不同省域的科技资源配置效率评价既有通用性又有差异性。中部六省是沟通东部地区和西部地区的结合部，其科技资源配置效率既反映了东部省份科技资源配置效率的特征，又体现了西部省份科技资源配置效率的特征，具有较强的典型性和代表性。利用理论研究所设计的省域科技资源配置效率的评价体系，对中部六省科技资源配置效率进行实证研究，分析影响配置效率的关键因素，构建省域科技资源配置效率影响因素框架模型，在此基础上研究配置效率的提升策略，可为其他省份科技资源配置效率的评价与提升提供借鉴。

(3) 样本的数量规模和时间跨度。实证分析的样本数量必须具备合理的规模，规模偏小，难以得出科学、客观的结论，规模偏大，会增加调查工作量，造成人力、物力、财力、时间的浪费。本书选择了占全国省份近五分之一的中部六省科技资源配置效率进行实证分析，使实证分析的样本数量达到应有的规模。实证样本时间的跨度越大，就越能反映样本发展变化的轨迹和规律，也就越能分析和把握影响和制约省域科技资源配置效率水平高低的关键因素。鉴于 2002 年以前科技资源管理的数据不全，部分指标在较长的时间跨度内其含义、标准和单位无法统一，不符合实证样本数据的要求，因此，样本数据的选择从 2002 年开始。同时，由于上述六省份 2011 年的有关数据和资料尚未公布，有的还在整理之中，由于受工作的保密性等因素的影响，许多数据难以采集完整，暂时不能作为评价样本的数据。2002—2010 年的数据相对比较完整，比较符合实证样本数据的要求，这十年的相关数据和资料均作为样本数据选择。

二、省域科技资源配置效率模糊综合评价指标权重的确定

模糊综合评价模型应用的关键是确定各评价指标的权重。权重的确定是否合理，直接影响到评价的科学性。确定省域科技资源配置效率评价指标权重时，最难把握的是指标彼此间重要性量化的确定。运用模糊层次分析法确定各指标相对于某一目标的权重，需首先构建递阶层次结构模型。本章采用前文所采用的模糊综合评价指标权重确定方法，来确定省域科技资源配置效率评价指标的权重。

省域科技资源配置效率评价指标体系分四层：第一层为省域科技资源配置效率这一总目标 A，第二层包括省域科技资源配置强度指标 A_1、省域科技资源配置结构指标 A_2、省域科技资源配置效果指标 A_3 共 3 项指标，第三层包括 7 个分类评价指标，第四层由 25 个单项评价指标组成。省域科技资源配置效率评价指标体系如表 4.1 所示。

对每一层次各因素的相对重要性用数值形式给出判断，并写成矩阵形式。判断矩阵中的指标数值可以通过调查访问法、专家咨询法进行。在问卷调查表(见附

录Ⅱ)中,要求被访者按这些指标所隶属的层进行组内比较,没有直接支配关系的不同层的元素不进行比较。

表 4.1　省域科技资源配置效率评价指标体系

总指标	准则层指标	次准则层指标	子准则层指标
省域科技资源配置效率指标 A	科技资源配置强度指标 A_1	科技人力资源配置强度指标 B_{11}	每万人中从事科技活动人员数 C_{111}
			每万人中的科学家工程师人数 C_{112}
			每万人中从事 R&D 活动人员 C_{113}
		科技财力资源配置强度指标 B_{12}	R&D 经费支出占 GDP 的比重 C_{121}
			地方财政科技拨款占地方财政支出的比重 C_{122}
			大中型企业 R&D 经费占销售收入的比重 C_{123}
			人均研究与开发经费 C_{124}
	科技资源配置结构指标 A_2	科技人力资源配置结构指标 B_{21}	科学家与工程师占科技活动人的比重 C_{211}
			R&D 人员全时当量的科学家与工程师所占比重 C_{212}
			科技活动人员企业比重 C_{213}
			国有企事业单位专业技术人员数 C_{214}
		科技财力资源配置结构指标 B_{22}	科技活动经费企业比重 C_{221}
			R&D 经费内部支出占科技活动经费内部支出的比重 C_{222}
	科技资源配置效果指标 A_3	知识形态成果指标 B_{31}	国外主要检索工具收录科技论文比率 C_{311}
			每千名科技人员发表的国际国内科技论文数 C_{312}
			每千名科技人员发表的被国外主要检索工具收录论文数 C_{313}
			每百万人专利申请量 C_{314}
			每百万人专利授权量 C_{315}
		科技转化效果指标 B_{32}	技术市场成交额 C_{321}
			技术市场成交额占本地 GDP 的比例 C_{322}
			大中型工业企业新产品销售收入占总销售收入比重 C_{323}
			大中型工业企业新产品产值率 C_{324}
		经济结构优化效果指标 B_{33}	万元 GDP 综合能耗 C_{331}
			万元 GDP 工业废水排放量 C_{332}
			万元 GDP 工业废气排放量 C_{333}

根据各指标的重要性构造判断矩阵进行计算，可以计算出所有单排序结果。利用同一层次中所有层次单排序的结果，就可以计算针对上一层次而言，本层次所有因素重要性的权值。层次总排序需要从上到下逐层进行，先进行第二层次排序。表 4.2 就是指标层相对于准则层指标计算所得的总排序。

表 4.2　省域科技资源配置效率评价指标层次总排序

准则层		A_1	A_2	A_3	各次准则层指标相对于总目标的权重
		0.263 2	0.193 7	0.543 1	
次准则层	B_{11}	0.518			0.136 34
	B_{12}	0.482			0.126 86
	B_{21}		0.505		0.097 82
	B_{22}		0.495		0.095 88
	B_{31}			0.393	0.213 44
	B_{32}			0.357	0.193 89
	B_{33}			0.250	0.135 78

表 4.3 就是指标层相对于总目标的总排序，综合评价指标权重即为所求。表中的各指标特征向量就是省域科技资源配置效率评价指标权重。

省域科技资源配置效率评价指标体系是一个具有多层次、多指标，并且各自相对重要性不同的复合体系。科学确定各指标的权重是省域科技资源配置效率评价中的一个难点。常用的经验估值法、专家确定法等方法能比较科学地确定单层次的指标权重，然而，在多层次指标体系，且指标层与子指标层之间存在不同的隶属关系的情况下，这两种方法却一筹莫展。模糊层次分析法通过构造判断矩阵，先对单层指标进行权重计算，然后再进行层次间的指标总排序，来确定所有指标因素相对于总指标的相对权重，为确定类似指标权重提供一种很好的解决途径。利用模糊层次分析法，不仅可以降低工作难度，提高指标权重的精确度和科学性，而且通过采取对判断矩阵进行一致性检验等措施，有利于提高权重确定的信度和效度，同时，计算矩阵特征向量时，提供了和积法、幂法和方根法等多种思路，并可以应用计算机来处理数据，具有较强的可操作性。

表 4.3　省域科技资源配置效率评价指标层相对总目标的总排序

准则层		B_{11}	B_{12}	B_{21}	B_{22}	B_{31}	B_{32}	B_{33}	各指标相对于总目标的权重
		0.136 34	0.126 86	0.097 82	0.095 88	0.213 44	0.193 89	0.135 78	
指标层	C_{111}	0.179							0.024 4
	C_{112}	0.317							0.043 2
	C_{113}	0.504							0.068 7
	C_{121}		0.213						0.027 0
	C_{122}		0.338						0.042 9
	C_{123}		0.194						0.024 6
	C_{124}		0.255						0.032 3
	C_{211}			0.252					0.024 7
	C_{212}			0.218					0.021 3
	C_{213}			0.306					0.029 9
	C_{214}			0.224					0.021 9
	C_{221}				0.393				0.037 7
	C_{222}				0.607				0.058 2
	C_{311}					0.101			0.021 6
	C_{312}					0.174			0.037 1
	C_{313}					0.213			0.045 5
	C_{314}					0.205			0.043 8
	C_{315}					0.307			0.065 5
	C_{321}						0.202		0.039 2
	C_{322}						0.366		0.071 0
	C_{323}						0.227		0.044 0
	C_{324}						0.205		0.039 7
	C_{331}							0.527	0.071 6
	C_{332}							0.242	0.032 9
	C_{333}							0.231	0.031 4

三、中部六省科技资源配置效率模糊综合评价数据的收集

我国统计部门对科技资源相关指标的统计口径、统计重点在2008年前后出现很大的变化，2008年之前主要以科技活动人员、科学家与工程师、科技活动经费以及大中型工业企业为主，而2008年之后则主要以R&D活动人员、R&D经费支出以及高技术产业等为主。因此，为保证评价数据的完整性、可靠性和可获得性，本书将近些年中部六省科技资源配置效率的评价分两个阶段进行，运用模糊综合模型对2003—2008年中部六省的科技资源配置总体效率进行实证评价，运用三阶段DEA模型对2009—2010年中部六省科技资源配置的技术效率和规模效率进行实证评价。

按照科学技术发展的一般规律，科技投入到成果产出（包括专利申请、论文发表、技术市场合同成交金额等）和经济效益显现（企业产品上市并取得收益）具有一定的时间滞后性①。国内有学者在对科技投入产出效率进行评价时，采用科技产出指标滞后1年、经济产出滞后2年的方式②。但是考虑实际中这个时滞并不一定会这么长，甚至有些成果的产出是即时的，平均时间也就在1年左右。因此，本书认为从科技投入到科技产出、从科技产出再到经济效益产出的时滞应该分别为1年。即t年的科技投入为当年的每万人中从事科技活动人员数、每万人中的科学家工程师人数、每万人中从事R&D活动人员、R&D经费支出占GDP的比重、地方财政科技拨款占地方财政支出的比重、R&D经费内部支出占科技活动经费内部支出的比重等；其科技资源产出为$t+1$年的国外主要检索工具收录科技论文比率、每千名科技人员发表的国际国内科技论文数、技术市场成交额、大中型工业企业新产品销售收入占总销售收入比重等。

评价指标的数据主要来自2003—2011年的《中国统计年鉴》《中国科技统计年鉴》《安徽统计年鉴》《湖北统计年鉴》《湖南统计年鉴》《河南统计年鉴》《江西统计年鉴》。部分指标的数据无法直接获得，需经过换算以后得到。还有部分数据来自《中国科技论文统计结果》《安徽60年》《安徽工业经济统计年鉴》《湖南改革开放30年》《河南六十年》《辉煌山西60年》《奋进的历程　辉煌的成就：江西改革开放30年经济社会发展回眸》等统计文献。数据采集工作由专人负责，最大限度地保证了评价数据的完整性、可靠性和有效性。由于一些指标在统计口径、计算方法、空间范围等方面不完整、不统一，一些重要指标的数据也很难获取，因此，在研究过程

① 师萍，李垣. 科技资源体系内涵与制度因素[J]. 中国软科学，2000，(11)：55-56.

② 袁嘉妮. 行业科研基地科技资源配置评价及优化研究[D]. 武工理工大学，2009.

中,为了最大限度利用样本信息,采用线性插值法来填补个别缺失的数据。整理后得到的数据如附录Ⅰ中表A.1、A.2、A.3、A.4、A.5、A.6所示。

四、中部六省科技资源配置效率模糊综合评价数据的标准化处理

省域科技资源配置效率评价是多指标综合评价,指标涉及范围广,各个指标间没有统一的度量标准,难以进行比较和取舍。因此,在进行综合评价以前,需要采取一标准变换方法将各指标属性值统一变换到[0,1]范围内,即对评价指标属性值进行无量纲化。然而,由于评价指标的类型往往不同,因此,各指标转化成评价值的方法也不同。

省域科技资源配置效率评价指标大致有三种类型:成本型(越小越好型)、效益型(越大越好型)、适中型(既不能太大也不能太小为好型)。

对于评价指标 $u_i \in u$,设其值域为 $d_i=[m_i, M_i]$,其中 m_i 和 M_i 分别表示评价指标 u_i 的最小、最大值,定义:

$$r_i = u_{d_i}(x_i) \quad (i = 1, 2, \cdots, n)$$

评价指标 u_i 的属性值 x_i 必须实现无量纲化给出标准函数,即计算指标具体的隶属度,才能进行属性间的相对比较。当 $r_i \in [0,1]$,其中 $u_{d_i}(\cdot)$ 是定义在值域 d_i 上的指标 u_i 无量纲化的标准函数。成本型(越小越好型)、效益型(越大越好型)、适中型(既不能太大也不能太小为好型)指标的无量纲化标准函数如下:

(1) 成本型指标无量纲化的标准函数($u_i \in U_1$):

$$r_1 = r_{d_i}(x_i) = \begin{cases} 1 & (x_i \leqslant m_i) \\ (M_i - x_i)/(M_i - m_i) & (x_i \in d_i) \\ 0 & (x_i \geqslant M_i) \end{cases}$$

(2) 效益型指标无量纲化的标准函数($u_i \in U_2$):

$$r_1 = r_{d_i}(x_i) = \begin{cases} 1 & (x_i \geqslant M_i) \\ (x_i - m_i)/(M_i - m_i) & (x_i \in d_i) \\ 0 & (x_i \leqslant m_i) \end{cases}$$

(3) 适中型指标无量纲化的标准函数($u_i \in U_3$):

$$r_1 = r_{d_i}(x_i) = \begin{cases} 2(x_i - m_i)/(M_i - m_i) & (x_i \in (m_i, M(d_i))) \\ 2(M_i - x_i)/(M_i - m_i) & (x_i \in (M(d_i), M_i)) \\ 0 & (x_i \leqslant m_i \text{ 或 } x_i \geqslant M_i) \end{cases}$$

其中,$M(d_i)=(M_i+m_i)/2$。

根据省域科技资源配置效率评价指标的属性,指标 C_{111}-C_{324} 为效益型指标,C_{331}-C_{333} 为成本型指标,没有适中型指标。本书利用效益型指标无量纲化的标准

函数和成本型指标无量纲化的标准函数,以 2007—2008 年中部六省科技资源配置效率评价指标数据为例,进行数据标准化处理(如表 4.4)。

表 4.4　中部六省科技资源配置效率评价指标数据的标准化处理(2007—2008 年)

	安徽	湖北	湖南	河南	山西	江西
C_{111}	0.080 6	0.654 0	0.232 2	0.184 8	1.000 0	0.000 0
C_{112}	0.131 1	0.934 4	0.336 1	0.204 9	1.000 0	0.000 0
C_{113}	0.000 0	1.000 0	0.216 7	0.183 3	0.850 0	0.066 7
C_{121}	0.592 6	1.000 0	0.240 7	0.000 0	0.351 9	0.407 4
C_{122}	0.574 1	0.925 9	1.000 0	0.703 7	0.981 5	0.000 0
C_{123}	0.400 0	0.400 0	0.800 0	0.000 0	0.000 0	1.000 0
C_{124}	0.126 4	1.000 0	0.092 0	0.000 0	0.425 3	0.046 0
C_{211}	0.500 0	1.000 0	0.666 7	0.333 3	0.000 0	0.250 0
C_{212}	0.636 4	1.000 0	0.454 5	0.000 0	0.181 8	0.454 5
C_{213}	0.809 5	0.000 0	0.142 9	1.000 0	1.000 0	0.523 8
C_{214}	0.146 3	0.323 1	0.440 9	1.000 0	0.166 1	0.000 0
C_{221}	1.000 0	0.000 0	0.269 2	0.923 1	1.269 2	0.961 5
C_{222}	0.200 0	0.666 7	0.633 3	0.500 0	0.000 0	1.000 0
C_{311}	0.850 0	1.000 0	0.700 0	0.000 0	0.450 0	0.200 0
C_{312}	0.411 6	1.000 0	0.869 6	0.367 8	0.003 1	0.250 3
C_{313}	0.413 3	1.000 0	0.694 5	0.057 6	0.000 0	0.069 4
C_{314}	0.297 8	1.000 0	0.419 4	0.376 3	0.255 1	0.000 0
C_{315}	0.197 4	1.000 0	0.822 4	0.111 8	0.480 3	0.000 0
C_{321}	0.448 3	1.000 0	0.726 0	0.319 4	0.090 7	0.000 0
C_{322}	0.575 6	1.000 0	0.681 7	0.065 5	0.142 2	0.000 0
C_{323}	0.418 0	0.877 0	1.000 0	0.114 8	0.000 0	0.500 0
C_{324}	0.594 1	0.940 6	1.000 0	0.000 0	0.267 3	0.316 8
C_{331}	0.909 6	0.762 6	0.817 3	0.821 0	0.000 0	1.000 0
C_{332}	0.540 3	0.374 4	0.440 8	0.582 9	1.000 0	0.000 0
C_{333}	0.586 5	0.907 2	1.000 0	0.865 0	0.000 0	0.886 1

五、中部六省科技资源配置效率模糊综合评价数据的计算

利用表 4.3 所确定的各指标相对于总目标的权重向量 $\boldsymbol{W}$,和表 4.4 所确定的各指标评判矩阵 $\boldsymbol{R}$,可定义模糊合成运算模型并进行模糊转换,即

$$\boldsymbol{B}=\boldsymbol{W}\circ\boldsymbol{R}=(w_1,w_2,\cdots,w_m)\circ\begin{pmatrix} r_{11} & r_{12} & \cdots & r_{1n} \\ r_{21} & r_{22} & \cdots & r_{2n} \\ \vdots & \vdots & & \vdots \\ r_{m1} & r_{m2} & \cdots & r_{mn} \end{pmatrix}=(b_1,b_2,\cdots,b_n)$$

其中,$\circ$ 表示模糊算子,本书选择加权平均型 $M(\cdot,+)$,即 $b_j=\sum_{k=1}^{n}(w_k\cdot r_{kj})$。

则 $\boldsymbol{B}$=(0.002 0,0.005 7,0.000 0,0.016 0,0.024 6,0.009 8,0.004 1, 0.012 4, 0.013 6,0.024 2,0.003 2,0.037 7,0.011 6,0.018 4,0.015 3,0.018 8,0.013 0, 0.012 9,0.017 6,0.040 9,0.018 4,0.023 6,0.065 1,0.017 8,0.018 4;0.016 0, 0.040 4,0.068 7,0.027 0,0.039 7,0.009 8,0.032 3,0.024 7,0.021 3,0.000 0, 0.007 1,0.000 0,0.038 8,0.021 6,0.037 1,0.045 5,0.043 8,0.065 5,0.039 2, 0.071 0,0.038 6,0.037 3,0.054 6,0.012 3,0.028 5;0.005 7,0.014 5,0.014 9, 0.006 5,0.042 9,0.019 7,0.003 0,0.016 5,0.009 7,0.004 3,0.009 7,0.010 1, 0.036 9,0.015 1,0.032 3,0.031 6,0.018 4,0.053 9,0.028 5,0.048 4,0.044 0, 0.039 7,0.058 5,0.014 5,0.031 4;0.004 5,0.008 9,0.012 6,0.000 0,0.030 2, 0.000 0,0.000 0,0.008 2,0.000 0,0.029 9,0.021 9,0.034 8,0.029 1,0.000 0, 0.013 6,0.002 6,0.016 5,0.007 3,0.012 5,0.004 7,0.005 1,0.000 0,0.058 8, 0.019 2,0.027 2;0.024 4,0.043 2,0.058 4,0.009 5,0.042 1,0.000 0,0.013 7, 0.000 0,0.003 9,0.029 9,0.003 6,0.047 8,0.000 0,0.009 7,0.000 1,0.000 0, 0.011 2,0.031 5,0.003 6,0.010 1,0.000 0,0.010 6,0.000 0,0.032 9,0.000 0; 0.000 0,0.000 0,0.004 6,0.011 0,0.000 0,0.024 6,0.001 5,0.006 2,0.009 7, 0.015 7,0.000 0,0.036 2,0.058 2,0.004 3,0.009 3,0.003 2,0.000 0,0.000 0, 0.000 0,0.000 0,0.022 0,0.012 6,0.071 6,0.000 0,0.027 8)
=(0.445 1,0.820 8,0.610 7,0.347 6,0.386 2,0.318 5)。该组数据即为 2007—2008 年中部六省科技资源配置效率评价的结果。

由于计算数据量大,不便给出所有年份的详细计算过程,最终计算结果(表中的评价结果为整体评价的相对结果)如表 4.5 和图 4.1 所示。

表 4.5　中部六省科技资源配置效率评价结果

评价结果＼年份 对象	2002—2003	2003—2004	2004—2005	2005—2006	2006—2007	2007—2008	各年均值
安徽省	0.407 2	0.423	0.350 2	0.405 2	0.470 4	0.445 1	0.416 9
湖北省	0.828 7	0.782 1	0.783 3	0.750 8	0.806	0.820 8	0.795 3
湖南省	0.569 9	0.601 9	0.532 8	0.673	0.576 2	0.610 7	0.594 1
河南省	0.368	0.380 3	0.306 3	0.353 4	0.384	0.347 6	0.356 6
山西省	0.315 4	0.285 3	0.292 4	0.262 7	0.333 4	0.386 2	0.312 6
江西省	0.351 8	0.338	0.333 8	0.359 5	0.292 3	0.318 5	0.332 3

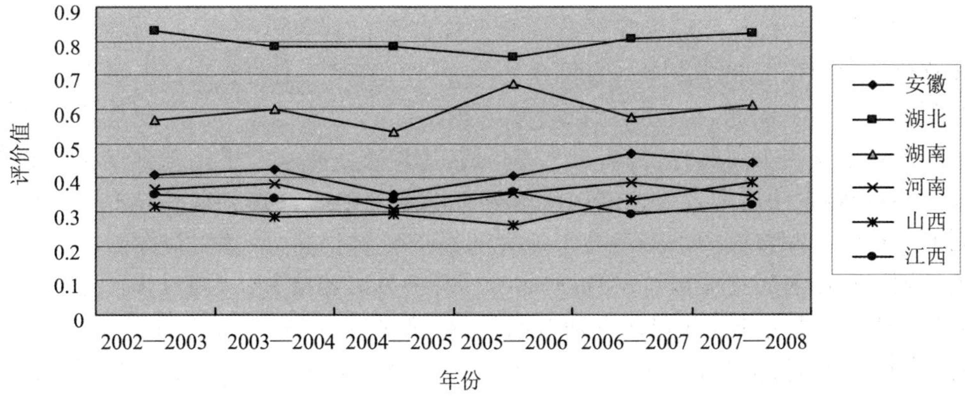

图 4.1　中部六省科技资源配置效率评价结果比较折线图

六、中部六省科技资源配置效率模糊综合评价结果分析

参考科技资源配置综合评价标准以及国内外各种综合评价值的分级方法，本书根据阈值原则给出如下判别标准：

SCORE＜0.35，科技资源配置效率水平低；

SCORE∈[0.35，0.55]，科技资源配置效率水平中；

SCORE∈[0.55，0.75]，科技资源配置效率水平良；

SCORE ＞0.75，科技资源配置效率水平优。

按照我们依据阈值原则给定的判别标准，湖北省科技资源配置效率水平相对较好;湖南省科技资源配置效率水平良;安徽省、河南省科技资源配置效率水平中;相对而言山西省、江西省科技资源配置效率水平低。结合中部六省科技资源配置效率评价结果表(表 4.5)、中部六省科技资源配置效率评价结果比较折线图(图 4.1)以及原始数据分析可知:

(1) 中部六省科技资源配置效率水平整体上呈“V”字形的态势。通过效率评价结果折线图可以看出,大部分省域从 2003 年、2004 年开始,科技资源配置效率水平出现下降的趋势。其中安徽、湖南、河南、江西在 2004—2005 年跌入谷底,湖北和江西在 2005—2006 年跌入谷底。降幅最大的是河南省,降幅指数为 0.074。从 2005—2006 年开始,科技资源配置效率水平出现逐步回升的趋势。其中,湖北省的提高幅度指数为 0.07。从总体上看,大部分省域科技资源配置效率水平在 2002—2008 年期间较为平稳。呈现出这种态势的主要原因是随着国家相关科技政策的出台、地方政府对科技资源的投入进一步加强,科技资源的产出得到了进一步提升。

(2) 中部六省科技资源配置效率水平存在着相对明显的差异。相对而言,湖北省科技资源配置效率水平一直排在其他省份的前面。山西省和江西省的科技资源配置效率水平偏低,科技资源配置效率水平平均指数低于 0.4。湖南省科技资源配置效率仅次于湖北省,位居第二,科技资源配置效率水平平均指数低于湖北省 0.2。而安徽省和河南省科技资源配置效率水平处于中等偏上水平。不同省域之间的科技资源配置效率水平与一个地方的经济发展状况、科教实力等因素密切相关。湖北省作为长江流域省份,近些年经济社会发展速度较快,地区生产总值连续 8 年保持两位数增长;且湖北省拥有高校、科研机构较多,全省普通高等学校 120 所,其中,中央各部委所属学校 8 所,地方所属学校 112 所。因而,在科技资源财力投入和人力投入方面,湖北省具有绝对的优势。湖南省和安徽省地理位置也较优越,自身经济、科教实力在其他省份之上。其中,湖南省拥有普通高校 106 所,中央各部委所属高校 3 所,安徽省拥有普通高校 104 所,中央各部委所属高校 3 所。因而,在科技资源财力投入和人力投入方面,两省也具有一定的优势。河南省作为中部农业大省、人口大省,其地区经济总量和人口总量一直位于中部六省之首,全省拥有普通高等学校 117 所,但均非中央各部委所属的高校。而山西省作为中部的煤炭大省、能源大省,其经济总量仅略高于江西,人口总量在中部六省中最少,全省拥有普通高等学校仅 61 所,且没有中央各部委所属的高校。虽然河南、山西两省差异较大,但在科技资源投入方面均表现较为突出。江西的情况与山西较为类似。

(3) 个别省域科技资源配置效率水平起伏比较大。从效率评价折线图中可看出,湖南省 2003—2008 年的效率水平折线呈现出“M”的形状,在 2005 年达到了绩效水平的最低点。安徽省的科技资源配置效率水平也呈现出波浪起伏的情况。这与科技资源管理外部条件变化、政府的相关政策以及统计部门的统计工作有关。如科技资源管理体制调整，必然影响到当时当地科技资源配置效率水平的高低。

第二节　基于三阶段 DEA 模型的中部六省科技资源配置效率评价

一、中部六省科技资源配置效率三阶段 DEA 评价数据的收集

三阶段 DEA 模型的最大优点是能够去除非管理的因素（随机误差与外部环境）对效率的影响，使决策单元处于同质环境中，这样计算出来的效率值能更如实地反映管理水平高低。在第一阶段，将省域科技资源的投入产出项代入传统的 C^2R模型和 BC^2 模型，得到投入（或产出）与各样本的效率值差额。在第二阶段，通过随机前沿法，使用所选择的环境变量和投入冗余，来调整省域科技资源的投入项（或产出项）；第二，通过对误差项进行区分，模型可以更准确地反映实际的效率水平。在第三阶段，将原始的投入项与调整后的产出项（或原始的产出项与调整后的投入项）再次代入传统的 DEA 模型，最后得出的效率值就是中部六省科技资源配置的实际效率值。

在应用三阶段 DEA 模型评价省域科技资源配置效率时，本书选取中部六省的安徽、湖北、湖南、河南、山西、江西作为该模型的决策单元，来分析它们在管理科技资源投入与产出等方面的相对有效性。安徽、湖北……江西就是相应的 DMU_1，DMU_2，…，DMU_6。

由于我国统计部门对科技资源相关指标的统计口径、统计重点在 2008 年前后出现很大的变化，2008 年之前主要以科技活动人员、科学家与工程师、科技活动经费以及大中型工业企业为主，而 2008 年之后则主要以 R&D 活动人员、R&D 经费支出以及高技术产业等为主。为此，为保证评价数据的完整性、可靠性和可获得性，本书运用 DEA 模型对 2009—2010 年中部六省科技资源配置效率进行实证评价时，对第三章构建的省域科技资源配置效率评价指标进行了适当调整，把 R&D 活动人员、R&D 全时人员数、R&D 人员全时当量、R&D 经费内部支出、财政科技拨款、高等学校 R&D 经费支出、研究与开发机构 R&D 经费支出、每万人中从事 R&D 活动人员、R&D 经费支出占 GDP 的比重、地方财政科技拨款占地方财政支出的比重、人均研究与开发经费作为输入指标，把发表国际国内科技论文数、国外

主要检索工具收录科技论文数、专利申请受理量、专利申请授权量、每十万人专利申请量、每十万人专利授权量、技术市场成交额、技术市场成交额占本地GDP的比例、大中型工业企业新产品销售收入占总销售收入比重、高技术产业总产值、高技术产业增加值、万元GDP综合能耗比上一年度降低、万元GDP工业废水排放达标量作为输出指标。输入指标和输出指标数据均整理自2010—2011年《中国统计年鉴》《中国科技统计年鉴》《安徽统计年鉴》《湖北统计年鉴》《湖南统计年鉴》《河南统计年鉴》《江西统计年鉴》。部分指标的数据无法直接获得，需经过换算以后得到。还有部分数据来自2010年《中国科技论文统计结果》《安徽60年》《安徽工业经济统计年鉴》《湖南改革开放30年》《河南六十年》《辉煌山西60年》《奋进的历程　辉煌的成就：江西改革开放30年经济社会发展回眸》等统计文献。整理后的指标数据如表4.6所示。

表4.6　中部六省科技资源配置效率评价指标数据统计表(2009—2010年)

		安徽	湖北	湖南	河南	山西	江西
R&D活动人员(万人)	C_{111}	8.77	13.17	9.38	13.21	6.51	5.19
R&D全时人员数(万人)	C_{112}	5.25	7.96	5.07	7.10	3.94	2.88
R&D人员全时当量(万人年)	C_{113}	5.969 7	9.116 1	6.384 3	9.257 1	4.777 2	3.305 5
大中型工业企业R&D活动人员(万人)	C_{114}	4.229 5	5.589 3	3.836 7	8.007 4	3.850 2	2.464 6
R&D经费内部支出(亿元)	C_{121}	136.0	213.4	153.5	174.8	80.9	75.9
财政科技拨款(亿元)	C_{122}	36.5	25.3	29.6	35.5	17.6	13.4
研究与开发机构R&D经费支出(亿元)	C_{123}	20.738 2	39.989 2	11.483	20.279 8	9.411 4	7.458
每万人中从事R&D活动人员(人年)	C_{211}	14.3	23.02	13.59	13.25	19	11.71
R&D经费支出占GDP的比重(%)	C_{212}	1.4	1.7	1.2	0.9	1.1	1
地方财政科技拨款占地方财政支出的比重(%)	C_{223}	1.7	1.2	1.3	1.2	1.1	0.9
发表国际国内科技论文数(万篇)	C_{311}	2.122 1	4.282 5	3.221 1	2.754 3	1.030 4	1.033 6

续表

		安徽	湖北	湖南	河南	山西	江西
国外主要检索工具收录科技论文数(万篇)	C_{312}	0.823 5	2.115	1.282 8	0.571 9	0.273 5	0.290 3
专利申请受理量(万项)	C_{313}	3.778	3.131 1	2.238 1	2.514 9	0.792 7	0.630 7
专利申请授权量(万项)	C_{314}	1.601 2	1.736 2	1.387 3	1.653 9	0.475 2	0.435 1
技术市场成交项目(万项)	C_{321}	4.831	6.638	5.137	4.611	0.835	2.25
技术市场成交额(亿元)	C_{322}	46.15	90.72	40.09	27.2	18.49	23.05
技术市场成交额占本地 GDP 的比例(%)	C_{323}	0.373	0.57	0.25	0.12	0.2	0.24
大中型工业企业新产品销售收入占总销售收入比重(%)	C_{324}	17.85	16.32	27.29	8.39	5.51	11.52
高技术产业总产值(亿元)	C_{325}	682.2	1 312.0	930.6	1 227.1	249.2	1 037.5
高技术产业增加值(亿元)	C_{326}	221.9	272.5	281.8	273.9	52.7	281.8
新产品产值(亿元)	C_{327}	1 983.8	2 422.8	2 425.3	1 709.3	675.9	783.5
工业废水排放达标量(万吨)	C_{331}	6.951 8	9.153 8	8.958 3	14.644 9	4.722 1	6.830 7

注:(1) 国际国内科技论文数包括“国际论文”和“国内论文”,“国际论文”指 SCI、EI 和 ISTP 三个检索系统收录的我国科技人员发表的论文数之和;“国内论文”指中国科技信息技术研究所研制的中国科技论文与引文数据库(CSTPCD)收录的论文,数据来源于《2010 年中国科技论文统计结果》。

(2) 国外主要检索工具收录科技论文数是指 SCI、EI 和 ISTP 三个检索系统收录的我国科技人员发表的论文数,数据来源于《2011 年中国科技统计年鉴》。

(3) 专利申请受理与授权的数量为由我国专利机构受理与授权的专利,不包括我国在国外申请专利及被授权的数据。

二、中部六省科技资源配置效率的第一阶段 DEA 评价

1. 指标数据的计算

由于计算量比较大,不便于给出所有省域 DEA 效率评价的过程,本书主要以山西省(DMU_5)为例,利用 C^2R 模型和 BC^2 模型判断其科技资源配置效率。

首先,构造一个虚拟的省域。该虚拟省域的科技资源配置效率是由这 6 个省域的科技资源配置效率合成而得到。该虚拟省域的科技资源配置效率的所有输出指标均等于这 6 个省域的科技资源配置效率对应输出指标的加权平均值,所有输入指标均等于这 6 个省域的科技资源配置效率对应输入指标的加权平均值。

其次，构建线性规划模型。该规划的约束条件是该虚拟省域的科技资源配置效率所有输出指标均必须大于或等于江西省的输出指标。如果可以证明虚拟省域的所有输入指标小于山西省的输入指标，那就是说，虚拟省域和山西省相比，在较少的输入下，可以获得相同或者更多的科技资源输出。换句话说，山西省的科技资源配置效率比虚拟省域的科技资源配置效率要低。虚拟省域的科技资源配置效率水平是 6 个省域的科技资源配置效率水平的加权平均而得到，反映了 6 个省域科技资源配置效率的总体状况。所以，在这种情况下，山西省的科技资源配置效率水平要低于 6 个省域科技资源配置效率的加权平均值。

(1) 构建指标权重约束条件。在计算虚拟省域的输入、输出指标时，首先要确定每个省域的权重。设安徽省，湖北省……江西省的权重分别为 $\lambda_1, \lambda_2, \cdots, \lambda_6$。DEA 模型要求这些权重之和等于 1，由此得到 BC^2 模型的第一个约束条件：

$$\lambda_1 + \lambda_2 + \cdots + \lambda_6 = 1 \quad (\lambda_1, \lambda_2, \cdots, \lambda_6 \geqslant 0)$$（该条件不是 C^2R 的约束条件）

(2) 建立各输出指标对应的约束条件。对应每一个具体的输出指标，均建立一个约束条件，即虚拟省域的每一输出指标大于或等于江西省的对应输出指标。

例如，输出指标 C_{312}：国外主要检索工具收录科技论文数。虚拟省域的国外主要检索工具收录科技论文数大于或等于山西省的国外主要检索工具收录科技论文数，即

$$8\,235\lambda_1 + 21\,150\lambda_2 + 12\,828\lambda_3 + 5\,719\lambda_4 + 2\,735\lambda_5 + 2\,903\lambda_6 - S^+ = 2\,735$$

同理可以得到其他输出指标对应的约束条件。

在这些关于输出的约束条件中，权重 $\lambda_1, \lambda_2, \cdots, \lambda_6$ 是通过求解具有这些约束条件的解的线性规划模型得出的，因此，如果能够找到满足这些约束条件的解，就说明虚拟省域的输出不小于江西省的输出。

(3) 建立各输入指标对应的约束条件。对应每一个具体的输入指标，均建立一个约束条件。该约束条件的左边是虚拟省域科技资源的输入指标(6 个省域科技资源输入指标的平均值)，右边则是虚拟省域科技资源可供应量，它等于江西省的相应资源可供应量乘以 θ，这里 θ 是一个决策变量，又称为效率指数，它表示虚拟省域的输入资源与江西省的输入资源的比率。

例如，输入指标 C_{223}：地方财政科技拨款占地方财政支出的比重。虚拟省域的地方财政科技拨款占地方财政支出的比重小于或等于江西省地方财政科技拨款占地方财政支出的比重，即

$$1.70\lambda_1 + 1.20\lambda_2 + 1.30\lambda_3 + 1.20\lambda_4 + 1.10\lambda_5 + 0.90\lambda_6 + S^- = 1.10\theta$$

同理可以得到其他输出指标对应的约束条件。

(4) 构建目标函数。DEA 模型的目标函数是使 θ 的取值最小化，也就是使虚拟省域的输入资源最小化。这里，θ 既是决策变量，又是目标函数。如果求解结果

$\theta=1$ 或 $\theta>1$（实际上 $\theta>1$ 在理论上是不可能的），则表明虚拟省域需要投入与山西省相同或更多的科技资源，才能获得不低于山西省的科技资源配置效率水平。这时无法判断山西省科技资源配置效率水平的相对高低。如果求解结果 $\theta<1$，则表明虚拟省域可以用比山西省更少的资源，获得不低于山西省的科技资源配置效率水平。因此，虚拟省域的科技资源配置具有更高的效率水平，这时可以判断山西省科技资源配置效率是相对较低的。

由此得到目标函数：$\min\theta$。建立的线性规划模型为：

$\min\theta$

s. t.

$\lambda_1+\lambda_2+\lambda_3+\lambda_4+\lambda_5+\lambda_6=1$（仅为 BC^2 模型的约束条件）

$8.77\lambda_1+13.17\lambda_2+9.38\lambda_3+13.21\lambda_4+6.51\lambda_5+5.19\lambda_6+S_1^-=6.51\theta$

$5.25\lambda_1+7.96\lambda_2+5.07\lambda_3+7.10\lambda_4+3.94\lambda_5+2.88\lambda_6+S_2^-=3.94\theta$

$5.9697\lambda_1+9.1161\lambda_2+6.3843\lambda_3+9.2571\lambda_4+4.7772\lambda_5+3.3055\lambda_6+S_3^-=4.7772\theta$

$4.2295\lambda_1+5.5893\lambda_2+3.3867\lambda_3+8.0074\lambda_4+3.8502\lambda_5+2.4646\lambda_6+S_4^-=3.8502\theta$

$136.0\lambda_1+213.4\lambda_2+153.5\lambda_3+174.8\lambda_4+80.9\lambda_5+75.9\lambda_6+S_5^-=80.9\theta$

$36.5\lambda_1+25.3\lambda_2+29.6\lambda_3+35.5\lambda_4+17.6\lambda_5+13.4\lambda_6+S_6^-=17.6\theta$

$20.7382\lambda_1+39.9892\lambda_2+11.4830\lambda_3+20.2798\lambda_4+9.4114\lambda_5+7.4580\lambda_6+S_7^-=9.4114\theta$

$14.3\lambda_1+23.02\lambda_2+13.59\lambda_3+13.25\lambda_4+19\lambda_5+11.71\lambda_6+S_8^-=19\theta$

$1.4\lambda_1+1.7\lambda_2+1.2\lambda_3+0.9\lambda_4+1.1\lambda_5+1.0\lambda_6+S_9^-=1.1\theta$

$1.70\lambda_1+1.20\lambda_2+1.30\lambda_3+1.20\lambda_4+1.10\lambda_5+0.90\lambda_6+S_{10}^-=1.10\theta$

$2.1221\lambda_1+4.2825\lambda_2+3.2211\lambda_3+2.7543\lambda_4+1.0304\lambda_5+1.0336\lambda_6-S_1^+=1.0304$

$0.8235\lambda_1+2.1150\lambda_2+1.2828\lambda_3+0.5719\lambda_4+0.2735\lambda_5+0.2903\lambda_6-S_2^+=0.2735$

$3.7780\lambda_1+3.1331\lambda_2+2.2381\lambda_3+2.5149\lambda_4+0.7927\lambda_5+0.6307\lambda_6-S_3^+=0.7927$

$1.6012\lambda_1+1.7362\lambda_2+1.3873\lambda_3+1.6539\lambda_4+0.4752\lambda_5+0.4351\lambda_6-S_4^+=0.4752$

$4.831\lambda_1+6.638\lambda_2+5.137\lambda_3+4.611\lambda_4+0.835\lambda_5+2.25\lambda_6-S_5^+=0.835$

$46.15\lambda_1+90.72\lambda_2+40.09\lambda_3+27.2\lambda_4+18.49\lambda_5+23.05\lambda_6-S_6^+=18.49$

$0.373\lambda_1+0.57\lambda_2+0.25\lambda_3+0.12\lambda_4+0.20\lambda_5+0.24\lambda_6-S_7^+=0.20$

$17.85\lambda_1+16.32\lambda_2+27.29\lambda_3+8.39\lambda_4+5.51\lambda_5+11.52\lambda_6-S_8^+=5.51$

$682.2\lambda_1+1\,312.0\lambda_2+930.6\lambda_3+1\,227.1\lambda_4+249.2\lambda_5+1\,037.5\lambda_6-S_9^+=249.2$

$221.9\lambda_1+272.5\lambda_2+281.8\lambda_3+273.9\lambda_4+52.7\lambda_5+281.8\lambda_6-S_{10}^+=52.7$

$1\,983.77\lambda_1+2\,422.8\lambda_2+2\,425.3\lambda_3+1\,709.3\lambda_4+675.93\lambda_5+783.5\lambda_6-S_{11}^+=675.93$

$6.951\,8\lambda_1+9.153\,8\lambda_2+8.958\,3\lambda_3+14.446\,9\lambda_4+4.722\,1\lambda_5+6.830\,7\lambda_6-S_{12}^+=4.722\,1$

$\lambda_1,\lambda_2,\cdots,\lambda_6\geqslant 0$；$S_1^-,S_2^-,\cdots,S_{10}^-\geqslant 0$；$S_1^+,S_2^+,\cdots,S_{12}^+\geqslant 0$

再次，线性规划模型求解。利用线性规划的求解算法，可以计算出山西省科技资源配置 C^2R 模型和 BC^2 模型的评价结果。

① 山西省科技资源配置 C^2R 模型的评价结果如表 4.7 所示。

表 4.7　山西省科技资源配置效率 C^2R 评价结果

DMU_5	θ(TE)	σ(SE)	λ_1	λ_2	λ_3	λ_4	λ_5
山西	0.836 75	0.878 59	0.061 68	0.045 28	0.025 42	0.000 00	0.000 00
λ_6	S_1^-	S_2^-	S_3^-	S_4^-	S_5^-	S_6^-	S_7^-
0.603 47	0.944 60	0.748 75	1.063 00	0.000 00	2.504 67	1.125 84	0.000 00
S_8^-	S_9^-	S_{10}^-	S_1^+	S_2^+	S_3^+	S_4^+	S_5^+
6.576 51	0.291 48	0.185 92	0.000 00	0.080 84	0.019 58	0.000 00	1.251 89
S_6^+	S_7^+	S_8^+	S_9^+	S_{10}^+	S_{11}^+	S_{12}^+	
3.392 83	0.000 00	3.975 47	502.029 03	150.543 73	90.584 35	0.470 92	

② 山西省科技资源配置 BC^2 模型的评价结果如表 4.8 所示。

表 4.8　山西省科技资源配置效率 BC^2 评价结果

DMU_5	θ(PTE)	σ(SE)	λ_1	λ_2	λ_3	λ_4	λ_5
山西	0.952 37	0.878 59	0.051 473	0.000 00	0.000 00	0.000 00	0.000 00
λ_6	S_1^-	S_2^-	S_3^-	S_4^-	S_5^-	S_6^-	S_7^-
0.948 53	0.982 31	0.845 16	1.221 99	0.000 00	2.596 22	1.204 02	1.048 04
S_8^-	S_9^-	S_{10}^-	S_1^+	S_2^+	S_3^+	S_4^+	S_5^+
6.708 93	0.248 78	0.132 90	0.059 23	0.044 25	0.000 00	0.019 92	1.547 85
S_6^+	S_7^+	S_8^+	S_9^+	S_{10}^+	S_{11}^+	S_{12}^+	
0.000 00	0.046 85	6.335 82	770.011 75	226.016 79	169.351 1	2.114 83	

利用同样的方法，可分别对中部其他五个省域的科技资源配置效率进行评价，评价的结果如表 4.9 所示。

表 4.9　2009—2010 年中部六省科技资源配置效率比较

DMU	TE	PTE	SE	RTS
DMU_1	0.957 56	0.989 36	0.967 858	irs
DMU_2	1.000 00	1.000 00	1.000 00	—
DMU_3	1.000 00	1.000 00	1.000 00	—
DMU_4	0.936 82	0.968 17	0.967 62	irs
DMU_5	0.836 75	0.952 37	0.878 59	irs
DMU_6	0.874 69	0.976 91	0.895 36	irs
AVERAGE	0.934 30	0.981 14	0.951 57	irs

从表 4.9 可以看出，在不考虑外部环境因素和随机误差的情况下，2009—2010 年我国中部六省科技资源配置技术效率平均值为 0.934 30，纯技术效率平均值为 0.981 14，规模效率平均值为 0.951 57。其中 2 个省份（湖北、湖南）3 项效率值均为 1，处于技术效率前沿面，2 个省份（安徽、河南）的纯技术效率为 1，其他省份在纯技术效率或规模效率方面存在不同程度的无效率，总的来讲，各省份技术的无效率主要来源于规模无效，纯技术无效的程度相对较轻。

三、中部六省科技资源配置效率的第二阶段 SFA 回归分析

应用 SFA 方法进行回归分析，需要首先确定外在环境变量。根据已有研究成果，本书将第一阶段的科技资源投入冗余量作为被解释变量，将地区生产总值、教育水平、研发人员工资水平作为解释变量，构建 SFA 回归模型，以分离外部环境因素对效率的影响。解释变量的数据来源于《中国统计年鉴》《安徽统计年鉴》《湖北统计年鉴》《湖南统计年鉴》《河南统计年鉴》《江西统计年鉴》。部分指标的数据无法直接获得，需经过换算以后得到。还有部分数据来自《中国科技论文统计结果》《安徽 60 年》《安徽工业经济统计年鉴》《湖南改革开放 30 年》《河南六十年》《辉煌山西 60 年》《奋进的历程　辉煌的成就：江西改革开放 30 年经济社会发展回眸》等统计文献。

利用 Battese 和 Coelli 编写的 FRONTIER4.1 对模型的相关参数进行最大似然估计，得到的回归结果如表 4.10 所示。

表 4.10　第二阶段 SFA 回归结果

		常数项	地区生产总值	教育水平	研发人员工资水平
R&D 活动人员松弛变量	C_{111}	8.92	−0.56	−1.73	−3.65
R&D 全时人员数松弛变量	C_{112}	4.53	−0.62	−0.82	−2.84
R&D 人员全时当量松弛变量	C_{113}	7.81	−0.96	−0.87	−2.08
大中型工业企业 R&D 活动人员松弛变量	C_{114}	2.19	−1.32	−0.82	−1.58
R&D 经费内部支出松弛变量	C_{121}	82.47	−2.24	−0.71	1.59
财政科技拨款松弛变量	C_{122}	19.65	−3.26	−1.66	0.71
研究与开发机构 R&D 经费支出松弛变量	C_{123}	22.13	−1.25	−0.43	0.45
每万人中从事 R&D 活动人员松弛变量	C_{211}	9.76	−0.74	−0.52	−0.97
R&D 经费支出占 GDP 比重松弛变量	C_{212}	0.86	0.79	−0.24	−1.37
地方财政科技拨款占地方财政支出比重松弛变量	C_{213}	0.076	0.27	−0.36	−0.73

表 4.10 中的 3 个环境变量对 10 种投入松弛变量的系数均能通过显著性检验，这说明外部环境因素对中部六省科技资源投入存在显著影响，进行第二阶段的 SFA 分析是十分必要的。进一步考察各环境变量对科技资源投入的系数，由于环境变量是对各投入松弛变量的回归，所以当回归系数为负时，表示增加环境变量值有利于减少投入松弛变量，即有利于减少各投入变量的浪费或降低负产出；反之，当回归系数为正时，则表示增加环境变量将会增加投入松弛变量，从而导致各投入变量的浪费或减少产出。从表 4.10 的数据可以看出，各环境变量对科技资源投入松弛变量的回归系数大多数为负，说明各环境变量对大部分科技资源投入是有利的因素，对部分科技资源投入是不利因素。

四、中部六省科技资源配置效率第三阶段调整后的 DEA 实证结果

对 2009—2010 年中部六省科技资源投入进行调整后，再次对调整后的科技资源投入和原产出进行 BC^2 模型分析，结果见表 4.11。

对比分析 DEA 第一阶段和第三阶段的结果，可以看出在剥离环境因素和随机误差的影响后，各省份科技资源配置效率有很大的改变。从科技资源配置效率的平均情况来看，第三阶段技术效率相比于第一阶段明显下降，由 0.934 30 下降到 0.845 54，规模效率值由第一阶段 0.951 57 下降到第三阶段 0.850 63，与之相反，

纯技术效率却由 0.981 14 上升到 0.992 87。从调整前后结果可以看出，剥离外部环境因素和随机误差后，各省份的技术效率都下降到一个较低的水平。技术无效率从第一阶段主要来自纯技术无效率转变为第三阶段的规模无效率，且各省域科技资源规模报酬状态以规模报酬递增为主。

表 4.11　2009—2010 年中部六省科技资源配置效率比较(调整后)

DMU	TE	PTE	SE	RTS
DMU_1	0.854 72	1.000 00	0.854 72	irs
DMU_2	1.000 00	1.000 00	1.000 00	—
DMU_3	1.000 00	1.000 00	1.000 00	—
DMU_4	0.814 29	1.000 00	0.814 29	irs
DMU_5	0.686 91	0.972 59	0.706 27	irs
DMU_6	0.717 29	0.984 62	0.728 49	irs
AVERAGE	0.845 54	0.992 87	0.850 63	irs

从各省域科技资源配置效率的情况来看，调整前，处在技术前沿面的省份为 2 个：湖北、湖南；调整后，处在技术前沿面的省份仍为湖北、湖南。对比调整前后，安徽、河南的纯技术效率提升到 1，处于技术效率的前沿面，但规模效率则由 0.967 86 和 0.967 62 下降到 0.854 72 和 0.814 29。除湖北、湖南之外，其他 4 个省份的技术效率均有所下降，下降幅度最大的是河南，下降了 0.122 53。山西、江西的纯技术效率经调整后略微上升，但两省的规模效率却大幅下降，尤其是山西，规模效率下降了 0.172 32。以上分析表明，环境因素和随机因素对效率值的影响显著，在不剥离外部环境因素和随机因素的影响时，各省份规模效率显著被高估，纯技术效率却显著被低估，且被高估的程度高于被低估的程度，以致技术效率值被高估。

五、中部六省科技资源配置效率两种评价的结果分析

前文运用模糊综合模型对 2002—2008 年中部六省科技资源配置的总体效率进行了实证评价，运用三阶段 DEA 模型对 2009—2010 年中部六省科技资源配置的技术效率和规模效率进行了实证评价，评价结果如表 4.12 所示。

从总体效率来看，湖北省科技资源配置效率水平相对较好；湖南省科技资源配置效率水平良；安徽省、河南省科技资源配置效率水平中；相对而言山西省、江西省科技资源配置效率水平低。再结合附录表Ⅰ中 A.1—A.6 的相关数据，可以看出：在科技资源财力和人力资源配置强度方面，湖北省具有绝对的优势，每万人中从事

科技活动人员数、每万人中的科学家工程师人数、每万人中从事 R&D 活动人员、R&D 经费支出占 GDP 的比重、地方财政科技拨款占地方财政支出的比重等指标均居中部六省之首，其中每万人中从事科技活动人员数、每万人中的科学家工程师人数分别高出江西省 13.038 和 11.385；因此，湖北省今后应更多地关注科技资源配置结构。湖南省、安徽省与湖北省科技资源配置效率水平差异的原因，除了在科技资源投入方面，更主要的是科技资源产出方面。比如湖北省 2002—2008 年每百万人专利申请量和每百万人专利授权量平均为 229.38 和 64.91，比湖南省高出 81.47 和 6.60，比安徽省高出 147.60 和 34.56。

表 4.12　中部六省科技资源配置效率评价结果

评价结果／年份 对象	2002—2008 总体效率	2009—2010 技术效率指数	2009—2010 技术有效性	2009—2010 规模效率指数	2009—2010 规模有效性
安徽 DMU_1	0.416 9	$\theta_1=1$， 且 $S_0^-\neq 0, S_0^+\neq 0$	弱有效	$\sigma_1=0.854\,72<1$	递增
湖北 DMU_2	0.795 3	$\theta_2=1$， 且 $S_0^-=0, S_0^+=0$	有效	$\sigma_2=1$	最优
湖南 DMU_3	0.594 1	$\theta_3=1$， 且 $S_0^-=0, S_0^+=0$	有效	$\sigma_3=1$	最优
河南 DMU_4	0.356 6	$\theta_4=1$， 且 $S_0^-\neq 0, S_0^+\neq 0$	弱有效	$\sigma_4=0.814\,29<1$	递增
山西 DMU_5	0.312 6	$\theta_5<1$， 且 $S_0^-\neq 0, S_0^+\neq 0$	DEA 无效	$\sigma_5=0.706\,27<1$	递增
江西 DMU_6	0.332 3	$\theta_6<1$， 且 $S_0^-\neq 0, S_0^+\neq 0$	DEA 无效	$\sigma_6=0.728\,49<1$	递增

虽然河南、山西两省差异较大，但在科技资源投入方面均表现较为突出，比如每万人中从事科技活动人员数、每万人中的科学家工程师人数、每万人中从事 R&D 活动人员三项指标均高于湖南、安徽，其中山西的每万人中从事科技活动人员数甚至高出湖北；此外，在地方财政科技拨款占地方财政支出的比重、科技活动人员企业比重等方面，也不低于安徽。在科技资源配置成效方面，河南、山西两省的多项指标表现均不够理想。比如，每千名科技人员发表的国际国内科技论文数、每千名科技人员发表的被国外主要检索工具收录论文数、大中型工业企业新产品销售收入占总销售收入比重、大中型工业企业新产品产值率，均低于湖北、湖南、安

徽的同类指标，尤其是技术市场成交额占本地GDP的比重，河南、山西仅是湖北的31.7%和24.28%。类似情况的还有江西，除个别指标（比如每万人中从事科技活动人员数、大中型企业R&D经费占销售收入的比重）之外，大部分指标相对而言都不够理想。

根据以上的分析，湖北省的科技资源配置的强度指标、规模指标和成效指标相对而言都较为合理，总体配置效率水平较高，但以后需关注企业的科技资源产出，需在科技成果转化方面进一步提升配置水平。湖南、安徽两省在科技资源配置的强度指标、规模指标方面可作小幅度递增，重点应放在现有科技资源投入规模的条件下，如何提高科技资源的配置成效，尤其在专利申请和授权量、技术成交额等方面。河南、山西两省应重点关注如何优化科技资源配置结构，如何在国际国内科技论文数、被国外主要检索工具收录论文数、大中型工业企业新产品销售收入占总销售收入比重、大中型工业企业新产品产值率等方面进一步提高成效。而江西省不仅要加强强度指标和规模指标的投入，进一步优化投入结构，还要重点关注科技资源的配置成效。

从技术效率来看，湖北省科技资源配置的技术效率指数（θ_2）等于1，且$S_0^-=0$，$S_0^+=0$；湖南省科技资源配置的技术效率指数（θ_3）也等于1，且$S_0^-=0$，$S_0^+=0$，说明湖北、湖南的科技资源配置效率属于有效，在现有的投入规模下科技资源的产出实现了最大化。安徽省科技资源配置的技术效率指数（θ_1）等于1，但$S_0^-\neq 0$，$S_0^+\neq 0$；河南省科技资源配置的技术效率指数（θ_4）也等于1，但$S_0^-\neq 0$，$S_0^+\neq 0$，说明安徽、河南的科技资源配置效率属于弱有效，在现有的投入规模下应获得更多的科技资源产出，或者用更少的科技资源投入即能获得现有的科技资源产出。山西省科技资源配置效率的有效性系数（θ_5）小于1，且$S_0^-\neq 0$，$S_0^+\neq 0$；江西省科技资源配置效率的有效性系数（θ_6）也小于1，且$S_0^-\neq 0$，$S_0^+\neq 0$；说明山西、江西科技资源配置效率水平相对较低，在现有的投入规模下，科技资源没有得到充分利用，投入结构不合理，投入产出比率落后。从规模效率来看，湖北、湖南省科技资源配置效率的规模效率指数均为1，属于最优，以后需侧重于结构的进一步优化。而安徽、河南、山西和江西的科技资源配置的规模效率指数均小于1，属于规模收益递增，说明在当前投入的基础上增加投入量，产出量将有更高比例的增加，“回报”是递增的。

本章小结

本章在前两章构建的指标体系和评价模型的基础上，运用层次分析法确定了效率评价指标权重。然后，运用模糊综合评价方法、三阶段 DEA 模型对中部六省的科技资源配置效率水平进行评价和分析。模糊综合评价方法针对省域科技资源配置效率评价部分指标不可量化和很难量化的情况，在综合考虑多种因素的作用下，运用模糊数学工具对科技资源配置效率的性质或状态作出综合评判。三阶段 DEA 模型则利用不同评价样本同时具有投入和产出的多个数量指标的特性，比较不同省域科技资源配置效率水平。不同的模型各有其不同的优势和特点，通过比较两种模型的评价结果，发现两者具有较好的一致性。

第五章 基于结构方程模型的省域科技资源配置效率影响因素研究

在借鉴省域科技资源配置效率领域现有研究成果的基础上，结合科技资源配置的特点，本章利用结构方程模型的理论，构建省域科技资源配置效率的影响因素结构方程模型路径图，即测量模型与结构模型，并用测量模型及其数学表达式对潜变量与观察变量之间的关系进行描述、用结构模型及其数学表达式对潜变量之间关系的描述；并围绕假设设计省域科技资源配置效率影响因素调查问卷及其测度，通过数据分析对影响科技资源配置效率的关键因素进行实证研究。

第一节 结构方程模型

一、结构方程模型的基本原理

结构方程模型（Structural Equation Modeling，简称 SEM），有学者也把它称为潜在变量模型（Latent Variable Models，简称 LVM），是在 20 世纪 70 年代 Karlg Joreskog 等学者所提出的统计理论基础上发展而成的。20 世纪 80 年代以来，结构方程模型迅速发展，弥补了传统统计方法的不足，成为多元数据分析的重要工具。结构方程建模兼具验证性因子分析（Confirmatory Factor Analysis）和路径分析（Path Analysis）二者的特性，且具有二者不可比拟的优势：路径分析检验观测变量之间的因果关系，验证性因子分析检验观测变量与潜在变量之间的因果关系，而结构方程建模检验观测变量与潜在变量之间及多个潜在变量内部的因果关系。因此，结构方程建模是验证性因子分析、路径分析及多元回归分析的总和，与线性相关分析和线性回归分析相比，结构方程模型是一种建立、估计和检验因果关系模型的方法。有学者把 SEM 的基本概念总结为“三个二”，即两类变量、两个模型和两种路径。

两类变量是指潜在变量和显在变量，即外生变量和内生变量。

从可测性的角度分类，结构方程模型中的变量包括潜在变量和显在变量。显在变量（manifest variable），即可直接观测和度量的变量，又称为可观测变量（observed variable）、指示变量（indicator variable），在因子分析中也可称为指标（indicator），比如论文发表量、专利授权量、技术市场成交额等。显在变量是为反映潜在变量而设置的，所选择的显在变量应全面反映潜在变量所涵盖的内容。显在变量过少，可能信息不足，不能全面反映潜在变量的含义；显在变量过多，其相互之间的相关可能性增大，使信息相互交叉，模型变得复杂不易处理，同时也会给数据的准确采集带来麻烦。因此，有学者认为 1 个潜在变量带有 3 个显在变量较为合适①。潜在变量（latent variable），即不能被直接观测的因素或特质，它可能是某种理论构思、研究假设，或是尚不能用现存的方法精确并直接测量的客观实在，但它可以通过显在变量度量，又称为隐变量，相当于因子分析中的公因子。例如，科技资源配置机制的有效性程度、科技资源产出能力等指标，无法直接测量，必须借助其他指标进行间接测量。潜在变量的确定通常有两种方法：一是依据相关理论或经验确定，即根据所研究的主题，结合已有的相关理论或已取得的相关经验，确定潜在变量及潜在变量之间的关系。二是利用探索性因子分析提取。若已经获得有关指标的数值，但不清楚指标之间的关系，就可以运用因子分析方法，从指标出发，寻找公共因子，提取的公共因子能够得到合理命名的话，该公共因子即可作为所研究问题的潜在变量。

从变量生成的角度分类，结构方程模型中变量包括外生变量和内生变量。外生变量（exogenous variable）是指那些在模型或系统中，只起解释变量作用的变量，这类变量只影响其他变量，而不受其他变量的影响，其值由外部输入，相当于自变量的概念。在路径图中，只有向其他变量的箭头而没有箭头指向它的变量均为外生变量。在结构方程模型中外生潜变量通常用 ξ 表示。内生变量（endogenous variable）是指那些在模型或系统中，受模型或系统中其他变量影响的变量，它们也可能影响其他变量，其值视其他变量而定，相当于因变量的概念。在路径图中，内生变量是有箭头指向它的变量。在结构方程模型中，内生变量通常用 η 表示。

两个模型是指测量模型和结构模型。

测量模型（measurement model），又称为验证性因子分析，是对潜在变量与显在变量之间的关系进行描述，即表明一个潜在变量是由哪些显在变量来度量的。单纯的测量模型就是验证性因子分析模型，潜在变量就是因子，显在变量就是载荷于此因子的指标。测量模型包括双向曲线箭头连接的各对潜在变量，单向直线箭

① 易丹辉. 结构方程模型方法与应用[M]. 北京：中国人民大学出版社，2008.

头连接的潜在变量和一组显在变量，以及指向各个变量的反映误差项的直线箭头。

测量模型的数学表达式如下：

$$\boldsymbol{x} = \boldsymbol{\Lambda x \xi} + \boldsymbol{\delta} \tag{5.1}$$

$$\boldsymbol{y} = \boldsymbol{\Lambda y \eta} + \boldsymbol{\varepsilon} \tag{5.2}$$

其中式(5.1)是外生变量的测量方程，x 是由 q 个外生指标组成的 $q\times1$ 向量，$\boldsymbol{\xi}$ 是由 n 个外生潜变量(因子)组成的 $n\times1$ 向量，$\boldsymbol{\Lambda x}$ 是 x 在 ξ 上的 $q\times m$ 因子负荷矩阵，$\boldsymbol{\delta}$ 是 q 个测量误差组成的 $q\times1$ 向量；式(5.2)是内生变量的测量方程，$\boldsymbol{y}$ 是由 p 个内生指标组成的 $p\times1$ 向量，$\boldsymbol{\eta}$ 是由 m 个内生潜变量(因子)组成的 $m\times1$ 向量，$\boldsymbol{\Lambda y}$ 是 $\boldsymbol{y}$ 在 $\boldsymbol{\eta}$ 上的 $p\times m$ 因子负荷矩阵，$\boldsymbol{\varepsilon}$ 是 p 个测量误差组成的 $p\times1$ 向量。

结构模型，又称为因果模型，是对潜变量之间关系的描述，是一组类似多元回归中描述外生变量和内生变量间定量关系的模型，包括路径图中用直线箭头连接的潜在变量以及潜在变量的误差项。

结构模型数学表达式如下：

$$\boldsymbol{\eta} = \boldsymbol{B\eta} + \boldsymbol{\Gamma\xi} + \boldsymbol{\zeta} \tag{5.3}$$

在结构方程(5.3)式中，$\boldsymbol{B}$ 是 $m\times m$ 系数矩阵，描述了内生潜变量 $\boldsymbol{\eta}$ 之间的彼此影响；$\boldsymbol{\Gamma}$ 是 $m\times n$ 系数矩阵，描述了外生潜变量 $\boldsymbol{\xi}$ 对内生潜变量 $\boldsymbol{\eta}$ 的影响；$\boldsymbol{\zeta}$ 是 $m\times1$ 残差向量。

结构方程模型虽由测量模型和结构模型两部分构成，但两者在逻辑上密不可分。需要验证的研究假设主要反映在结构模型部分的潜在变量之间的关系，相当于多元回归分析自变量对因变量的影响。而结构方程所处理的潜在变量，不可测量，需要有变量设计的过程，即从概念性变量逐级转换到操作性变量，测量模型正是描述这一变量设计过程的内容。

两种路径是指潜在变量与显在变量之间的路径，潜在变量之间的路径。潜在变量与显在变量之间的路径，用来分析一个潜在变量可由哪些显在变量来度量和解释，及每个显在变量对潜在变量的解释力度，即因子载荷，通常用单项直线箭头来表示。潜在变量之间的路径，是用来分析潜在变量之间的因果关系及其之间关联的强度。

二、应用结构方程模型的优势

在管理研究中，最实用且最为普及的数据分析方法当属多元回归分析法，它综合运用了描述统计与推论统计中的各种概念和原理，适合科学研究的客观性、实证性、可重复性和概况性等要求，且有成熟的计算软件可供使用。但多元回归分析方法有两个弱点：其一，多元回归难以处理不可测量的变量。多元回归的因变量和自变量必须是可测的，方能估计出回归系数，但管理研究中总会涉及一些无法直接测量的不可测量变量，如积极性、有效性、潜力等。其二，多元回归分析难以处理多重共线性问题。多元回归方程所描述的只是自变量和因变量相关，实际上，自变量之间同样存在相关关系。自变量并非全部都是直接影响因变量，也可能存在间接影响的关系，自变量和因变量之间还可能存在多重关联，而多元回归分析只着眼于自变量对因变量独立的、直接的作用。结构方程模型正是针对多元回归分析的弱点而研发出来的，它是对探索性因子分析、验证性因子分析、路径分析、多元回归及方差分析等统计方法的综合运用和改进提高。与传统统计方法相比，结构方程模型具有较明显的统计优势。

（1）结构方程模型能同时处理多个因变量。传统的回归分析通常只有一个因变量，即使引入多个因变量，在实际计算中也是对每个因变量逐一计算，也就是说在计算自变量对某一个因变量的影响或关系时，忽略了其他因变量的存在及其影响，这使得研究的精确程度大大降低。且回归分析无法设置中介变量，即不能考察间接效应，只能考察直接效应。而结构方程模型解决了这一问题，它可同时考虑并处理多个因变量。

（2）结构方程模型分析允许自变量和因变量含测量误差。很多变量往往含有误差，也不可能简单地用单一指标测量。结构方程模型虽然类似于多元回归、路径分析等利用联立方程组求解，但又不像多元回归、路径分析那样只能处理有观测值的变量，并且还要假定其观测值不存在测量误差。即结构方程模型没有严格的假定限制条件，同时允许自变量及因变量含有测量误差，且变量也可用多个指标测量，并将这种测量误差纳入模型，能够加强模型对实际问题的解释性。

（3）发展了路径分析的优势①。结构方程模型应用路径图使多变量之间的复杂关系一目了然，同时克服了路径分析假设过多、无法包含潜在变量、不能处理互逆因果关系等缺陷。另外，路径分析采用标准的普通最小二乘法对各个方程分别进行估计；而结构方程模型使用最大似然法将模型中的所有参数同时进行估计，只有这样，才能排除其他因素的影响，比较准确地估计两个变量之间的因果关系。结构方程模型除了可计算变量的直接效应外，还能推导出间接效应和总效应。

（4）可同时估计潜在变量之间的关系和潜在变量与显在变量之间的关系。要了解潜在变量之间的相关性，每个潜在变量都用多指标或题目测量，常用做法是首先用因子分析计算每一潜在变量与指标的关系，将得到的因子得分作为潜在变量的观测值，其次再计算因子得分的相关系数，将其作为潜在变量之间的相关性，这

---

① 侯文霞．基于结构方程模型（SEM）的顾客忠诚度研究：以快速消费品行业为例[D]．中国石油大学，2009.

两步是同时进行的,即同时考虑因子与指标之间的关系及因子之间的关系。在传统分析方法中,各因子内结构不会因为其他因子的存在而变化,然而在结构方程分析中,同一个研究中其他共存的因子及其结构会互相影响①。

(5) 容许更大弹性的测量模型。传统的因子分析只容许一个指标从属于某一个变量,而难以处理一个指标从属于多个变量或者考虑高阶变量等有比较复杂从属关系的模型,而结构方程分析容许复杂的模型。

(6) 结构方程分析可以估计整个模型的拟合程度。在传统路径分析中,只估计每一路径(变量间关系)的强弱,在结构方程分析中,除了上述参数的估计外,还可以计算不同模型对同一个样本数据的整体拟合程度,从而判断哪一个模型更接近数据所呈现的关系。

三、结构方程模型的实施步骤

结构方程模型的基本思路是:首先根据先前的理论和已有知识,经过推论和假设形成一个关于一组变量之间相互关系的模型。经过调查后,获得一组显在变量的数据和基于此数据而形成的协方差矩阵,这种协方差矩阵称为样本矩阵。再将构想的假设模型与样本矩阵的拟合程度进行检验,如果假设模型能拟合客观的样本数据,说明模型成立;否则就要修正,如果修正之后仍然不符合拟合指标的要求,就要否定假设模型。结构方程模型的实施,具体包括以下步骤。

第一步,模型的设定(model specification)

结构方程模型的出发点是为变量间假设的因果关系建立具体的因果模型,并反映从概念性变量到操作性变量之间的变量转换过程。结构方程的模型,可以用数学方程表示,也可以用路径图来表示,路径图能直观、清晰地反映出研究设计的思路。

LISREL(Linear Structural Relationship)和 AMOS(Analysis of Moment Structures)是最常用的用来绘制路径图的软件。其中 AMOS 路径图能明确指定变量间的因果联系,且用户界面友好,使用较为方便,是目前该领域中既简单又最为常用的一种方法。使用 AMOS 路径图时要遵循以下规则:一是用矩形框表示显在变量,用圆形或椭圆形表示潜在变量。二是变量之间的关系用带箭头的线条标志,单箭头线条表示假设两个变量之间存在因果关系,箭头指向结果变量;双箭头表示两变量之间有相关或双向的联系,但不表示因果关系;两变量之间无连线则表示假设它们之间没有直接联系。三是表示显在变量与潜在变量之间关系的符号

① 周旭武. 结构方程模型方法的实现与应用[D]. 大连:大连理工大学,2009.

Λ,要求第一个下标标志外生或内生显在变量,第二个下标标志外生或内生潜在变量。四是通径系数β表示内生变量之间的彼此影响,Γ表示外生变量对内生变量的影响。

第二步,模型的辨识(model identification)

结构方程模型的估计有一个前提,即所估计的必须是恰好识别的或过度识别的模型,如果假设的模型本身不能识别,则无法建立结构方程模型并得到路径系数的值。模型构造出来后,要先确定所需估计的参数,然后判断所设定的模型是否能求出唯一的参数估计值,即模型是否可被辨识。在 AMOS 路径图中,一般所需估计的参数有:

内、外生潜变量指向显在变量的路径系数$\Lambda^{(x)}$和$\Lambda^{(y)}$;

内、外生显变量的残差δ和ε;

外生潜变量指向内生潜变量的路径系数B和内生潜变量之间的路径系数Γ;

外生潜变量之间的协方差φ;

内生潜变量之间的残差ζ;

内生潜变量之间的残差的协方差ψ。

自由度(degree of freedom,简称 df)是判断模型可否辨识的必要条件。对于设定的模型,其自由度等于最大可能的自由度$(p+q)(p+q+1)/2$减去模型中需要估计的参数个数,即

$$df=[(p+q)(p+q+1)/2]-t \tag{5.4}$$

式(5.4)中p为外生显变量的个数,q为内生显变量的个数,t为需要估计的参数个数。如果自由度df大于或等于0,模型有可能识别,自由度df小于0,模型一定不能识别。

第三步,模型的估计(model estimation)

模型估计就是求出模型中各个参数的估计值,最常用的估计方法有两种,即最大似然法(ML)和广义最小二乘法(GLS)①。最大似然法具有无偏、一致、有效、渐进正态分布且不受测量单位影响等性质,广义最小二乘法则需要使用一个类似样本方差协方差矩阵逆矩阵($\boldsymbol{S}-1$)的权数矩阵,它也具有与最大似然法同样可取的统计性质。但在使用这两种方法时,应该注意需要满足的条件,即假设观测变量为连续变量,且具有多元正态分布。

第四步,模型的评价(model evaluation)

模型评价的核心内容是模型的拟合性,即研究者所提出的变量间关联的模式是否与实际数据拟合以及拟合的程度。SEM 在模型拟合中比较两种协方差矩阵。

---

① 孙连荣. 结构方程模型(SEM)的原理及操作[J]. 宁波大学学报,2005(4):31-36.

一种是从研究者所设定的模型估计出的协方差矩阵，被称为估计协方差矩阵 $\boldsymbol{E}$(estimated reproduced covariance matrix)；另一种是从样本的统计数据估计出来的，称为样本协方差矩阵 $\boldsymbol{S}$(sample covariance matrix)。若 $\boldsymbol{E}$ 与 $\boldsymbol{S}$ 接近，即残差矩阵各元素接近 0，则表示研究者设定的模型拟合性好，模型有效；若 $\boldsymbol{E}$ 与 $\boldsymbol{S}$ 差异大，则表示模型与数据的拟合性差。常用的拟合优度指数如表 5.1 表示。

表 5.1　常用的拟合优度指数

指数名称		评价标准
绝对拟合指数	X^2/df	一般小于 5 比较好
	GFI	大于 0.9
	RMR	小于 0.05，越小越好
	RMSEA	小于 0.05，越小越好
相对拟合指数	NFI	大于 0.9，越接近 1 越好
	TLI	大于 0.9，越接近 1 越好
	CFI	大于 0.9，越接近 1 越好
	IFI	大于 0.9，越接近 1 越好

第五步，模型的修正(model modification)

对模型进行拟合性检验后，如发现模型偏离数据所显示的实际情况，则要修正模型，然后再检验，不断重复此过程直到获得一个拟合性好而各估计参数又能赋予合理的解释为止。模型修正有三个依据[①]：一是软件输出的残差分析结果。残差值是实际变异量与估计变异量之间的差异，此值为"+"时表示模型低估了两变量的差异，需要增加变量之间关系的路径，此值为"－"表示模型高估了两变量的差异，需要删减变量之间关系的路径。二是修改指数。指模式中具有受限制的参数，如果放松这些参数，模式将会得到改善。三是窝套模型(nest model)的比较。窝套模型指两个模型有同样的参数，但其中一个的自由参数是另外一个中自由参数的子集。模型修正过程中，对具有窝套关系的两模型进行卡方检验(自由度为两模型之差)，若检验结果具有显著差异，则保留自由参数更多的模型；检验结果无显著差异时则相反。

① 孙连荣. 结构方程模型(SEM)的原理及操作[J]. 宁波大学学报，2005(4)：31－36.

第二节　基于结构方程模型的省域科技资源配置效率影响因素分析

一、省域科技资源配置效率影响因素的理论研究

科技资源配置是一个复杂的系统，省域科技资源配置的效率，实际上取决于省域科技资源配置系统的功能，即系统内各构成要素功能的发挥，及各具体功能之间相互作用、相互协同的整体效果。

刘玲利①认为，科技资源配置系统由科技资源配置主体、科技资源配置客体、科技资源的三大配置力（市场、政府制度和社会文化等）组成，如图 5.1 所示。

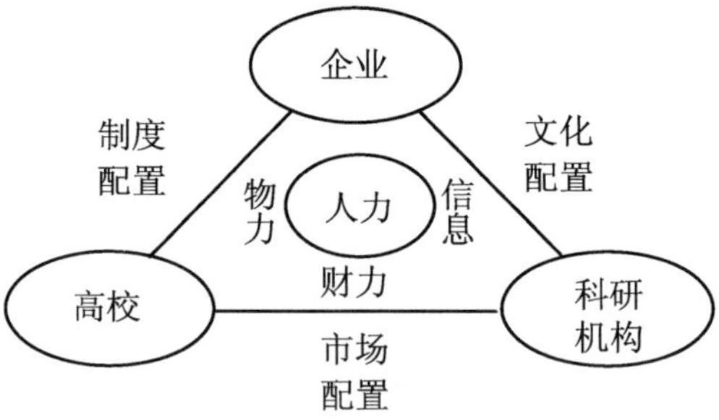

图 5.1　科技资源配置系统

关于配置主体，她认为企业、高校和科研机构是科技活动的主体，在科技资源配置系统中分配着科技资源、从事着科学知识和技术知识的生产活动。高校和科研机构主要是以增加人类的知识总量为目的的生产活动，侧重于基础性研究行为；企业以获得新的应用为目标，侧重于应用性研究。三大主体配置行为的有效性及其协同作用，有助于将知识生产活动产生的成果从理论形态向现实的生产力形态转化，提高省域科技资源配置效率。科技人力资源、科技财力资源、科技物力资源、科技信息资源作为科技资源配置客体，是科技资源配置主体作用的对象。科技人力资源是基础性核心资源中最具能动性、创造性的科技资源，处于中心地位；科技

① 刘玲利. 基于系统视角的科技资源配置行为分析[J]. 科技进步与对策，2009(7)：26-28.

财力资源为科技人力资源提供从事科技活动的财力保障，是从事科技活动必不可少的资源；科技物力资源为科技人力资源要素提供科研基础设施、仪器设备等物质资源的支持；科技信息资源为科技人力资源从事科技活动提供科技成果等知识形态的科技资源的供应。科技资源配置客体之间的合理搭配，有助于提高省域科技资源配置效率。市场、政府制度和社会文化等构成了科技资源配置系统的三大配置力。市场的资源配置有利于科技资源配置效率水平的提高，但是也在一定程度上造成地区之间科技资源配置效率水平差距的拉大，加剧地区间科技发展的不平衡，从而加剧地区经济发展的不平衡；政府制度配置具有激励、分配、协调、引导和规范功能，但容易出现效率低下、分配不公等问题；社会文化配置是对科技资源的市场配置和制度配置的有效补充。市场配置、制度配置和文化配置三者的协同作用，有助于实现科技资源的优化配置，促进科技资源配置效率的提高。

李石柱①认为影响区域科技资源配置效率的要素很多，科技资源配置系统很复杂，其中结构问题是科技资源配置的核心问题，结构涉及科技资源配置的比例，同时配置过程中不可避免地会受到社会环境对其产生的影响。因此，结构性要素和环境要素是影响科技资源配置效率的主要方面。结构性要素涉及科技资源的配置，存在着各种比例结构，是科技资源的基本要素在互具可比性的不同地区、不同产业、不同科技活动主体、不同科技活动过程之间的分配格局。优化科技资源配置结构主要是科技资源在主体间、不同产业间、科技创新活动不同阶段进行的。在环境要素方面，李石柱选择了区域经济发展水平和经济体制转换程度两个指标进行分析，并指出社会环境对科技系统的效率构成有非常重要的影响。

此外，张敬川②结合广东省科技资源发展的实际情况，建立了科技资源最优化配置的模型，指出了影响科技资源配置的六大因素：即国家科技力量的布局、经济发展状况、政府财政科技投入、产业结构、企业规模及科研机构职工收入水平。叶儒霏、陈欣然等③认为，决策制度存在非理性导向、R&D 投资机制不健全及政府、企业和大学（科研机构）角色错位是影响我国科技资源配置效率的因素。唐五湘、李冬梅等④利用我国 30 个省市自治区的科技资源配置的面板数据，从科技经费规模、科技活动人员规模、人均科技经费规模、科技资源投入不同配置主体的比例及

---

① 李石柱. 影响我国区域科技资源配置效率要素的定量分析[J]. 科学管理研究，2003(4)：60 - 64.

② 张敬川. 广东科技资源优化配置的取向及其影响因素[J]. 南方经济，2002(6)：52 - 54.

③ 叶儒霏，陈欣然. 影响我国科技资源配置效率的原因及对策分析[J]. 研究与发展管理，2004(10)：113 - 117.

④ 唐五湘，李冬梅，周飞跃. 基于面板数据的影响我国地区科技资源配置效率要素的定量分析[J]. 科技管理研究，2007(10)：115 - 117.

经济体制转换程度等方面，研究了科技资源配置效率的影响因素，并得出结论：人员、经费规模与配置效率无关联，经费集中配置有利于提高科技资源配置效率，科技资源配置的优先顺序是：科研机构、企业、高等院校。巩宿裕①以2008年我国科技投入产出省际数据为样本，对其投入产出效率影响因素进行深入研究，表明人均收入水平越高，科技效率越高；第三产业产值比重越大，科技效率越高；国有化程度越高，其科技效率越高；R&D投入占GDP的比重与科技效率密切相关，但高投入只有在更高产出条件下才会使科技效率更高；企业科研经费投入占整个科研经费的比值与科技效率密切相关。肖静、赵军凯②运用OECD主要科技指标的统计数据和DEA方法，对中国、八国集团等10国R&D投入产出效率进行比较，对影响因素进行了剖析，并得出结论：研发资金的有效使用对于提高研发效率至关重要；研发人员的能力、素质和积极性高低对研发效率起着决定性的影响；能激发创造性思维，崇尚竞争，能够进行宽松的、自由的学术争论但又有一定规范的科研环境，是促进人才创造创新型科研成果的"催化剂"。

二、省域科技资源配置效率影响因素的概念模型设计

综合相关研究成果，本书认为科技资源配置是一项复杂的系统工程，包括科技政策、管理体制、管理文化、人员意识、创新精神、政策法规和科技资源本身等，与科技资源配置行为相关的因素都可能对其产生影响。首先，科技资源配置是在一定的科技环境下进行的，科技政策环境的状况直接影响到科技资源配置行为能否顺利进行，科技人文环境状况则影响到科技人力资源的科研积极性，因此科技配置环境是科技资源配置的重要影响因素之一。其次，科技资源配置是以科技资源为客体的，一定数量的科技资源是配置的基础，因此科技资源投入的多少，影响到科技资源配置行为的直接实现。再次，科技资源配置是在高校、企业以及科研机构之间通过市场或计划方式进行资源分配的，也是在基础研究、应用研究和实验开发等不同用途上的分配，因此有限的科技资源在不同部门、不同用途上是否分配合理，也是科技资源配置的影响因素之一。此外，科技资源的发展与创新需要先进的科学知识、科学技术，而先进的科学知识和技术最终需要高素质人力资源来掌握，并不断更新，因此科技人力资源的科技水平、创新意识和学习力等直接影响到配置效率能否持续提升。

基于以上认识，及便于调查对象直观判断的原则，本书将配置环境管理、配置

---

① 巩宿裕．我国区域科技投入产出效率影响因素研究[J]．统计与决策，2011(15)：81-84．

② 肖静，赵军凯．R&D投入产出效率的国别比较和影响因素分析[J]．情报杂志，2009(12)：22-25．

强度管理、配置结构管理、持续发展能力视为科技资源配置的影响因素，即外生变量，将科技直接产出、科技间接产出作为科技资源配置效率的度量指标，即内生变量，并以此构建概念模型(如图 5.2)。

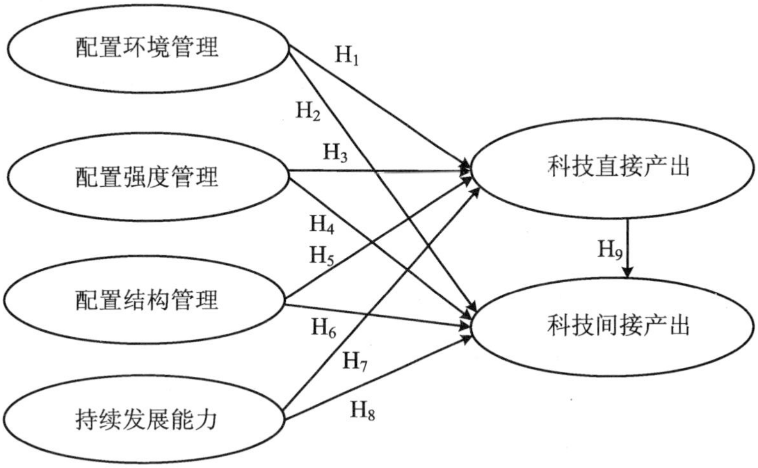

图 5.2 省域科技资源配置影响因素的概念模型

三、研究假设与变量设计

根据省域科技资源配置影响因素的概念模型，对结构变量作出如下假设：

H_1:"配置环境管理"对"科技直接产出"具有正向影响关系；

H_2:"配置环境管理"对"科技间接产出"具有正向影响关系；

H_3:"配置强度管理"对"科技直接产出"具有正向影响关系；

H_4:"配置强度管理"对"科技间接产出"具有正向影响关系；

H_5:"配置结构管理"对"科技直接产出"具有正向影响关系；

H_6:"配置结构管理"对"科技间接产出"具有正向影响关系；

H_7:"持续发展能力"对"科技直接产出"具有正向影响关系；

H_8:"持续发展能力"对"科技间接产出"具有正向影响关系；

H_9:"科技直接产出"对"科技间接产出"具有正向影响关系。

从可测性的角度分析，图 5.2 中的省域科技资源配置影响因素概念模型，其变量均为潜在变量，即不能被直接观测的变量，要对研究假设进行验证，必须为每个潜在变量设定一定数量的显在变量，通过对显在变量的度量，来间接度量潜在变量。

配置环境是指影响科技资源配置行为的所有外部条件的总体，包括观念、制度、政策、规则等各个方面，本书仅选取科技资源配置的政策环境和人文环境作为研究领域。配置环境管理(ξ_1)，在科技资源管理中居于重要地位，对科技资源配置产生深远而广泛的影响，良好的配置环境是创新思想不断涌现的基础，是有效调动科技资源配置主体积极性的条件，是促进科学研究良性发展的重要保障。科技资源配置环境包括科技资源配置机制(X_1)、科技资源配置政策(X_2)等关于科技资源管理的政策环境，以及省域尊重科研的社会意识(X_3)、省域科研氛围(X_4)等科研人文环境。

配置强度管理(ξ_2)，是指对科技人力资源、科技财力资源的管理，它是开展科技活动的条件和基础。该变量的具体测量指标包括从事科技活动人员规模(X_5)、科学家与工程师规模(X_6)、政府科技投入规模(X_7)、企业科技投入规模(X_8)。

配置结构管理(ξ_3)，是指对科技资源在各领域和主要环节的分配比例和关系的管理，科技资源的配置结构在很大程度上决定着整个科技系统的功能和效率。该变量的具体测量指标包括企业科技活动人员占全部科技活动人员的比例(X_9)、企业科技经费占全部科技经费的比例(X_{10})。

持续发展能力(ξ_4)是面临区域内外环境的不断变化，能够持续创造符合当前和未来经济社会发展所需要科技成果的能力。该变量的具体测量指标包括科技人员的创新精神(X_{11})、学习力(X_{12})、教育水平(X_{13})等。

科技直接产出(η_1)，具体包括国际国内论文发表量(Y_1)和专利授权量(Y_2)，论文反映的是基础研究和应用基础研究的产出情况，专利反映的则是应用研究和试验发展的产出情况。

科技间接产出(η_2)，反映的是科研成果能否得到社会的认可，能否被转化为现实的生产力并形成经济优势；也就是将具有创新性的科技成果从科研单位转移到生产部门，使新产品增加，工艺改进，效益提高，并最终促进经济社会的进步与发展的实际效果。该变量的具体测量指标包括技术市场交易额(Y_3)、新产品产值(Y_4)、高技术产业增加值(Y_5)等。其中，技术市场是科技成果交易的场所，其交易额是反映科技成果市场化能力的重要指标；新产品产值是采用新技术原理与新设计构思研制、生产的全新产品，或在结构、材质、工艺等某一方面比原有产品有明显改进，从而显著提高了产品性能或扩大了产品使用功能。高技术产业是知识、技术密集度高，发展速度快，具有高附加值和高效益，并具有对相关产业产生较大波及效果等特征的产业。

四、问卷及其测度的设计

为了理清各因素对省域科技资源配置的影响程度，及各影响因素之间的相关关系，本书围绕研究假设设计了省域科技资源配置影响因素调查问卷及其测度（见附录Ⅱ）。同时，为假设中的潜变量设计了一组显变量，并为难以直接度量的显变量设计了判断属性。比如，假设“配置环境管理”对“科技直接产出”具有正向影响关系，配置环境管理（ξ_1）与科技直接产出（η_1）为潜在变量，配置环境管理由显在变量科技资源配置机制（X_1）、科技资源配置政策（X_2）、尊重科研的社会意识（X_3）和良好的科研氛围（X_4）测度，科技资源产出能力则由显变量国际国内论文发表量（Y_1）和专利授权量（Y_2）测度。其中，国际国内论文发表量（Y_1）和专利授权量（Y_2），由被调查者直接填写数字。而针对难以直接测度的显在变量，如科技资源配置机制（X_1），则通过从市场自由配置机制发挥基础作用、政府计划配置机制发挥宏观调控作用、市场与行政有效结合的混合配置机制三种属性来测度。问卷中对每种属性设置了七级评分尺度，被调查者根据本区域情况选定其中一项作为答案。

五、数据收集与分析

本书以中部六省科技厅、省级以上经济技术开发区科创中心为调查单位，以在部门从事科技创新服务、科技统计分析的工作人员为调查对象，通过电子邮件、信件等方式发送并回收，以及直接登门造访进行问卷调研。本次调查共发放问卷280份，回收223份（回收率为79.64%，满足数据调查中问卷回收率不低于20%的要求），其中有效问卷212份，11份问卷无效。经事后询问未回复的原因有：调查对象已调离科技管理部门、单位收到的类似问卷太多而不重视这类调研要求等。本次调查自2011年7月15日起，至2011年9月20日止，历时65天。

(1) 问卷信度与效度的检验。信度（reliability）也称可靠性，是指测量结果的稳定性、可靠性程度。问卷信度是考察问卷测量的可靠性，是测量变量所包含问题的一致程度，是检验测量工具的可靠性、一致性和等值性的主要方法。信度指标包括稳定系数、等值系数和内在一致性系数。稳定系数，是指用同样的问卷对同一组被调查者间隔一定时间重复问卷，计算两次问卷结果的相关系数。等值系数是指对同一调查对象使用两种对等的、内容相当的测试方法测量其结果的一致性。内在一致性系数，反映的是检验内部题目之间的关系，考察验证的各个题目是否具有一致性或内部同构性。本书采用克朗巴哈的内部一致性系数（Cronbach's α）值对各测量指标进行信度验证。克朗巴哈α信度系数的计算公式为：

$$\alpha=\frac{K}{K-1}\left(1-\frac{\sum_{i=1}^{K}\sigma_{Y_i}^2}{\sigma_X^2}\right) \tag{5.5}$$

公式(5.5)中K为题目的总数，$\sigma_{Y_i}^2$为第Y_i题得分的题内方差，σ_X^2为全部题目总得分的方差。通常Cronbach's α系数的值在0和1之间。如果系数不超过0.6，则认为内部一致信度不足，达到 0.7—0.8 时表示问卷具有相当的信度，达到 0.8—0.9时说明问卷信度非常好。依据问卷调查所收集到的数据，应用 SPSS 统计软件对问卷中各测量指标的 α 系数进行计算，结果显示所有的系数均在 0.721—0.883 之间，这表明问卷的测量问题具有很好的一致性，问卷具有较高的信度。

效度(validity)，是指正确性、有效性，问卷效度是指问卷研究测得的测量值和真实值的接近程度。如果研究测得的测量值的效度愈高，则说明测量的结果越能表示出所要测量对象的真实特征。效度分为内容效度(content validity)、效标关联效度(criterion - related validity)和构建效度(construct validity)。

内容效度指的是以研究者的专业知识来主观判断所选用的评判尺度能否正确地衡量研究所要衡量的对象。效标关联效度是指选用的衡量工具与其他的衡量工具相比两者是否具有关联性。构建效度指的是调查问卷或量表可以测量到的理论上的变量或者特质的程度。

本书使用“内容效度比”(CVR)进行效度检验，它的计算公式为：

$$CVR=\frac{ne-N/2}{N/2} \tag{5.6}$$

在公式(5.6)中，ne 为调查对象中认为某变量很好地表示了测量对象范畴的人数；N 为调查对象的总人数。公式的值一般在 -1.00—$+1.00$ 之间，值越大效度越高，值越小效度越低。本书征询了 20 位有关专家的意见，并计算出本指标体系的 CVR，CVR 值均在 0.6 以上，表明问卷具有较高的效度。

(2) 结构方程模型路径图的构建与辨识。构建结构方程模型路径图，需对测量模型和结构模型进行设计。测量模型，又称为验证性因素分析，是对潜变量与观察变量之间的关系进行描述。结构方程模型是对潜变量之间的关系，以及模型中其他变量无法解释的变异量部分的描述。

依据以上所设计的概念模型，及潜变量与潜变量之间、潜变量与显变量之间的关系，本书构建了省域科技资源配置效率影响因素的结构方程模型路径图(如图 5.3)。

在图 5.3 所示的路径图中，需要估计的参数(t)有潜变量指向显变量的路径系数 $\lambda(x)$ 和 $\lambda(y)$ 共 15 个、显变量的残差 δ 和 ε 共 15 个、潜变量之间的路径系数 $\lambda(\xi)$ 和 $\lambda(\eta)$ 共 3 个，数据点数目有外生显变量(p)10 个、内生显变量(q)5 个。则该模型路径图的自由度 $df=[(p+q)(p+q+1)/2]-t=60-33=27>0$，该模型可以被辨识。

(3) 结构方程模型的拟合。模型的拟合是评价假设的变量间关联的模式是否与实际数据拟合以及拟合的程度如何，即评价从假设模型中估计出的协方差矩阵与从样本统计数据估计出来的样本协方差矩阵的一致性程度。

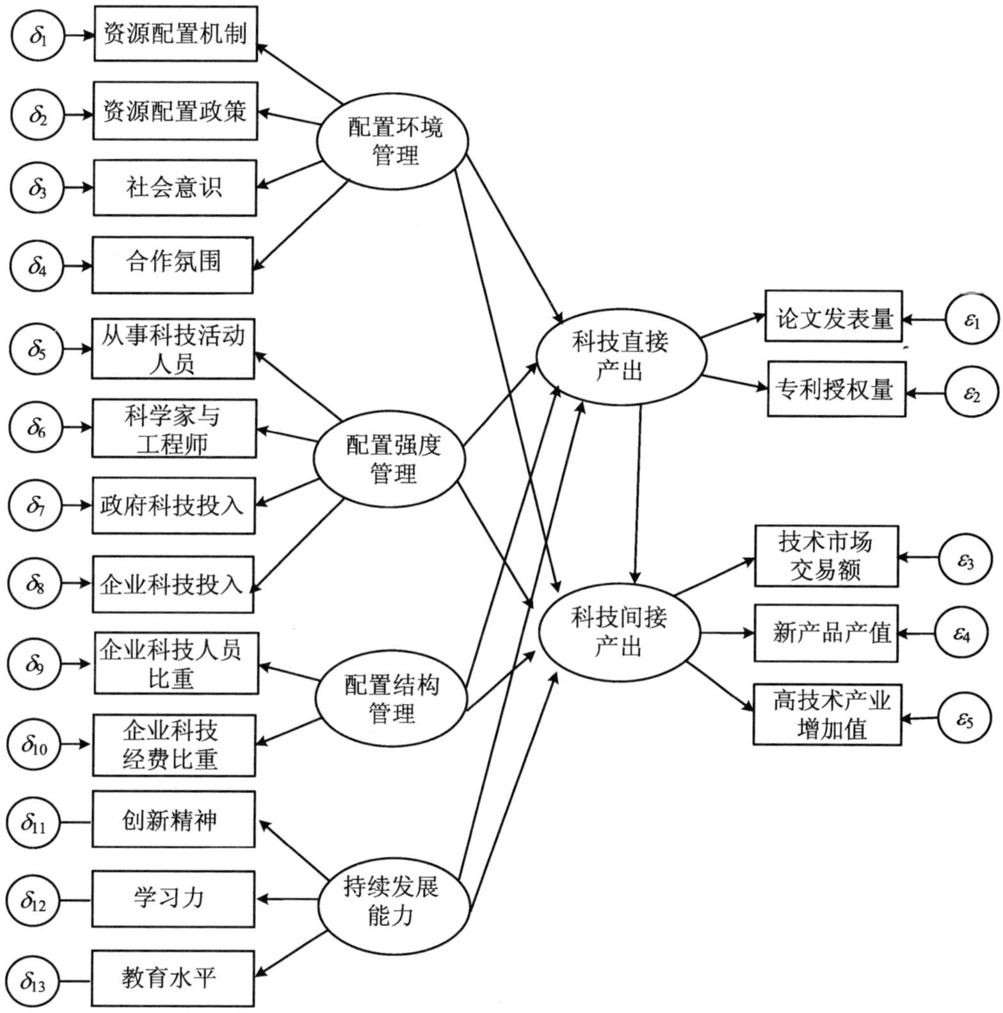

图 5.3　省域科技资源配置影响因素结构方程模型路径图

本书选取的判断模型拟合程度的评价指标包括：CMIN/DF（卡方与自由度的比值）、GFI（模型的拟合优度指数）、RMR（残差均方根）、RMSEA（近似误差均方根）、NFI（规范拟合指数）、CFI（比较拟合指数）、IFI（递增拟合指数）、AGFI（修正拟合优度指数）。运用 AMOS 软件，对模型各指标进行计算的拟合度指数如表 5.2 所示。

从表 5.2 的分析结果可以看出，CMIN/DF 的值为 2.384，小于 3，表明模型的拟合程度良好；RMR 和 RMSEA 的值为 0.054 和 0.062，小于 0.08，表明模型具有合理的拟合度；CFI、GFI、IFI 和 AGFI 各指标的值均在 0.9 以上，表明模型具有非常好的拟合度；此外，NFI 的值为 0.832，同样具有较好的拟合程度，属于可以接受的范畴。综上所述，模型的各主要拟合指数都较为理想，整体模型拟合得很好，模型结构较为合理。因此可以利用它的结果对研究假设进行验证。

表 5.2　结构方程模型拟合系数表

指标	CMIN/DF	GFI	RMR	RMSEA	NFI
数据	2.384	0.913	0.054	0.062	0.832
指标	CFI	IFI	AGFI		
数据	0.925	0.918	0.917		

六、参数估计与检验

运用 AMOS 软件，采用极大似然估计法对结构模型中的各观察变量的因子载荷和各路径系数进行分析，并进行归一化处理，得到如表 5.3 和表 5.4 所示的结果。

表 5.3　标准化因子载荷

观察变量	标准化因子载荷	观察变量	标准化因子载荷
$X_1(\xi_1)$	0.732 1	$X_{10}(\xi_3)$	0.692 7
$X_2(\xi_1)$	0.840 2	$X_{11}(\xi_4)$	0.625 9
$X_3(\xi_1)$	0.527 6	$X_{12}(\xi_4)$	0.591 4
$X_4(\xi_1)$	0.536 4	$X_{13}(\xi_4)$	0.562 1
$X_5(\xi_2)$	0.533 1	$Y_1(\eta_1)$	0.721 9
$X_6(\xi_2)$	0.602 3	$Y_2(\eta_1)$	0.783 5
$X_7(\xi_2)$	0.426 6	$Y_3(\eta_2)$	0.628 6
$X_8(\xi_2)$	0.723 9	$Y_4(\eta_2)$	0.732 5
$X_9(\xi_3)$	0.638 1	$Y_5(\eta_2)$	0.639 7

采用极大似然法对数据进行参数估计，所得因子载荷大于 0.4 才认为观测模型有较强的解释力。表 5.3 中各观测变量的标准化因子载荷均大于 0.4，表明各因子对观测模型有较强的解释能力，且与各因子载荷相关联的每个载荷的 t 值的绝对值也通过了显著性检验，说明问卷调查问题的设置基本合理。同时，对于第一个外生潜变量（配置环境管理），观察变量 X_2（资源配置政策）的载荷最大，说明 X_2 对

第一个外生潜变量的贡献最大，其次为 X_1、X_4 和 X_3；同样，观察变量 X_8（企业科技投入）对第二个外生潜变量（配置强度管理）的贡献最大，其次为 X_6、X_5 和 X_7；观察变量 X_{10}（企业科技经费比重）对第三个外生潜变量（配置结构管理）的贡献最大，其次为 X_9；观察变量 X_{11}（创新精神）对第四个外生潜变量（持续发展能力）的贡献最大，其次为 X_{12} 和 X_{13}；观察变量 Y_2（专利授权量）对第一个内生潜变量（科技直接产出）的贡献最大，其次为 Y_1；观察变量 Y_4（新产品价值）对第二个内生潜变量（科技间接产出）的贡献最大，其次为 Y_5 和 Y_3。

表 5.4　标准化路径系数

潜变量路径	标准化路径系数	0.000 1 水平下的显著性	假设验证结果
$\xi_1 \to \eta_1$	0.637 1	显 著	支持 H_1
$\xi_1 \to \eta_2$	0.675 2	显 著	支持 H_2
$\xi_2 \to \eta_1$	0.857 1	显 著	支持 H_3
$\xi_2 \to \eta_2$	0.812 0	显 著	支持 H_4
$\xi_3 \to \eta_1$	0.772 1	显 著	支持 H_5
$\xi_3 \to \eta_2$	0.738 2	显 著	支持 H_6
$\xi_4 \to \eta_1$	0.478 2	显 著	支持 H_7
$\xi_4 \to \eta_2$	0.478 2	显 著	支持 H_8
$\eta_1 \to \eta_2$	0.872 6	显 著	支持 H_9

根据表 5.4 中所反映的潜变量之间的路径系数，外生潜变量 ξ_1、ξ_2、ξ_3 和 ξ_4 对内生潜变量 η_1 的总体影响分别为 0.637 1、0.857 1、0.772 1 和 0.478 2，对内生潜变量 η_2 的总体影响分别为 0.675 2、0.812 0、0.738 2 和 0.478 2，表示配置环境、配置强度、配置结构和持续发展能力每提高一个标准单位，科技直接产出能力分别增加 0.637 1、0.857 1、0.772 1 和 0.478 2 个标准单位，科技间接产出能力分别增加 0.675 2、0.812 0、0.738 2 和 0.478 2 个标准单位。同时，η_1 对 η_2 的总体影响为 0.872 6，表示科技直接产出能力每提高一个标准单位，科技间接产出能力增加 0.872 6个单位。

七、结论

由表 5.3 和表 5.4 可知，本书所选取的配置环境、配置强度、配置结构和持续发展能力对科技资源配置效果的两个指标——科技直接产出和科技间接产出，均有显著影响。且配置强度对科技直接产出和科技间接产出的影响最大，其次为配置结构、配置环境和持续发展能力。从观察变量来看，X_2、X_8、X_{10}、X_{11}、Y_2和Y_4对各潜变量的贡献最大，且各观察变量的贡献具有显著差异。基于以上认识，本书得出以下结论。

首先，科技资源配置强度对科技资源配置效率的影响最大。科技资源配置强度对科技直接产出和科技间接产出的影响最大，表明科技资源配置强度是提升科技资源配置效率的关键因素，科技资源投入体系是否完善、科技资源支持力度是否适当，直接影响科技资源配置效率的高低。科技资源配置强度包括科技人力资源配置强度与科技财力资源的配置强度。根据表 5.3 的数据，科技人力资源（X_5和X_6）与科技财力资源（X_7和X_8）对潜变量ξ_1的整体载荷相差不大；但X_6对潜变量ξ_2的载荷明显高于X_5，X_8对潜变量ξ_1的载荷明显高于X_7。因此，在对科技人力资源和科技财力资源的投入同等重视的前提下，要格外关注对高素质人才的投入和企业科技投入。科学家与工程师等高素质人才对科技资源的产生起决定性作用，要重视科技研发人员素质的提高，使其尽快成长为高素质人才，要创造条件吸引更多高素质人才的加入。

其次，科技资源配置结构对科技资源配置效率的影响较为显著。根据表 5.4 的数据，科技资源配置结构（ξ_3）对η_1和η_2的路径系数分别为 0.772 1 和 0.738 2，充分表明科技资源配置结构对科技资源配置效率的影响较为显著。而根据表 5.3 的数据，企业科技人员比重（X_9）和企业科技经费比重（X_{10}）对潜变量ξ_3的载荷均接近 0.7，且X_{10}的载荷系数略高于X_9，这说明企业科技人员与科技经费对科技资源配置结构的影响均较大。因此，企业已成为科技研发创新的主体，要引导企业加大对应用研究、实验发展等方面的投入，加强对高新技术产品的开发；政府要扮演好科研推动者的角色，要将财力投入基层研究领域和企业的科研条件方面。

再次，科技配置环境对科技资源配置效率的影响显著。根据表 5.4 的数据，ξ_1对η_1和η_2的路径系数分别为 0.637 1 和 0.675 2，表明科技配置环境对科技资源配置效率的影响显著。而根据表 5.3 的数据，资源配置政策（X_2）对潜变量ξ_1的载荷最大，其次为资源配置机制（X_1）。因此，在优化科技配置环境方面，要重点完善科技资源配置政策，尤其是科技成果转化政策。要建立健全知识产权激励机制和知识产权交易制度，促进科技成果在企业之间、企业与高等院校和科研院所之间的流动和转移；要培育和完善科技成果转化的多元化市场模式，以尽量降低交易成本，保障研发者、风投商、科技成果使用者、政府等科技成果转化为各参与方的利益。此外，要健全资源配置机制，构建以政府引导和市场主导相结合为手段、以战略新兴产业和高新技术产业为目标、以市场竞争机制和行政激励机制为基础的配置方式，充分发挥行政化配置和市场化配置各自的优势；要通过广泛宣传，营造人人关心科技进步、人人参与技术创新、人人尊重科技人员的生动局面，为科技人员的创新提供良好环境。

最后，持续发展能力对科技资源配置效率具有一定的影响。持续发展能力（ξ_4）对 η_1 和 η_2 的路径系数虽然低于 ξ_1、ξ_2 和 ξ_3，但其对科技资源配置效果的影响不容忽视。面临区域内外环境的不断变化，能否创造符合未来经济社会发展所需要的科技成果、能否在激烈的科技竞争中取得优势，取决于区域科技持续发展的能力。增强持续发展能力，需要培养科研人员追求真理、勇攀高峰、宽容失败、团结协作的创新精神，以及潜心钻研、扎实勤勉的治学精神；更需要培养科研人员具备学习的动力、毅力和能力，能在未来的科技竞争中始终保持知识和技术的优势。

本章小结

本章运用结构方程模型，设计省域科技资源配置效率影响因素的概念模型及调查问卷，对科技资源活动的相关人员进行调查，对调查结果进行数据分析、参数验证，通过判断各潜变量与显变量之间的内在关系，对影响省域科技资源配置效率的关键因素进行了分析。认为本书所选取的配置环境、配置强度、配置结构和持续发展能力对科技资源配置效果的两个指标——科技直接产出和科技间接产出，均有显著影响。其中，科技资源配置强度对科技资源配置效率的影响最大，科技资源配置强度是提升科技资源配置效率的关键因素，科技资源投入体系是否完善、科技资源支持力度是否适当，直接影响科技资源配置效率的高低；科技资源配置结构对科技资源配置效率的影响较为显著，且企业科技人员与科技经费对科技资源配置结构的影响均较大；科技配置环境对科技资源配置效率的影响显著；持续发展能力对科技资源配置效率具有一定的影响。

第六章　省域科技资源配置效率提升策略研究

省域科技资源配置效率评价作为一种管理工具，一个重要的目的在于分析和把握省域科技资源配置过程中存在的问题，为优化省域科技资源配置、提升省域科技资源配置效率提供依据。从第五章关于省域科技资源配置效率评价模型及实证研究到第六章影响省域科技资源配置效率的因素分析结论中可以看出，科技资源配置强度、科技资源配置结构、科技资源配置环境、科技资源可持续发展能力等对省域科技资源配置效率均有影响。提升省域科技资源配置效率，必须从省域科技资源配置强度、省域科技资源配置结构、省域科技资源配置环境、省域科技资源可持续等方面制定相应的策略。

第一节　省域科技资源配置强度方面

科技资源配置强度包括科技人力资源配置强度与科技财力资源的配置强度。根据第五章第二节所得出的结论，科技资源配置强度对科技直接产出和科技间接产出的影响最大，表明科技资源配置强度是提升科技资源配置效率的关键因素，科技资源支持力度是否适当、科技资源投入体系是否完善，直接影响科技资源配置效率的高低。而根据第四章第四节的评价结果分析，除湖北、湖南之外，其他省域的规模效率指数 σ 均小于 1，规模有效性为递增，也就是在当前投入的基础上增加投入量，产出量将有更高比例的增加，“回报”是递增的。基于此，本书提出以下对策以促进科技资源配置效率的提高。

一、正确处理科技发展与经济发展的关系

科学技术发展与经济社会发展是相辅相成、相互推动的。一方面，每一次科技革命都会带给人们生产方式、生活方式和社会文明发展的革命性变化。另一方面，科学技术的重大突破离不开经济社会发展的需求。2012 年 6 月 11 日，国务院总理

温家宝在《在中国科学院第十六次院士大会和中国工程院第十一次院士大会上的讲话》中指出，科技体制改革必须促进科技与经济社会发展紧密结合，切实解决科技经济“两张皮”的问题。正确处理科技发展与经济发展的关系，解决科技经济“两张皮”的问题，必须清醒地认识到，科技可持续发展不仅在于科技发挥对经济的推动作用，而且要使科技走在经济的前面，引导区域经济发展的方向；必须将科技成果及时地转化为现实的生产力，以促进产业结构的优化与升级以及空间上的聚集。同时，经济的发展对科技的发展产生一定的反作用，即对区域科技可持续发展的资源、动力产生重要影响。科技资源的投入、科技财政拨款占财政支出的比例和经费占 GDP 的比例，必须随 GDP 总量的增长及其增长率的提高、经济发展状况的改善而不断提高，科技发展才能拥有一个强劲的支撑平台，才能为地区经济的发展提供持续的动力。根据表 6.1 中部六省 R&D 经费占 GDP 比重统计，仅有湖北的 R&D 经费占 GDP 的比重超过 1%，其他五个省份均低于 1%；而同期美国、韩国、日本的 R&D 经费占 GDP 比重均在 2.5%以上，其中日本的 R&D 经费占 GDP 比重是湖北的近 3 倍，是河南的 5 倍多。这些数据表明，R&D 经费投入不足，R&D 经费占 GDP 比重偏低是制约我国科技资源配置效率的重要因素。

表 6.1　中部六省 R&D 经费占 GDP 的比重(%)(2006—2007 年)

	安徽	湖北	湖南	河南	山西	江西
2006	0.96	1.25	0.71	0.64	0.76	0.81
2007	0.99	1.21	0.80	0.67	0.86	0.89

注：资料来源于《中国科技统计年鉴》。

表 6.2　世界部分国家 R&D 经费占 GDP 的比重(%)(2006—2007 年)

	美国	韩国	日本
2006	2.62	3.22	3.39
2007	2.68	3.47	3.44

注：资料来源于 2007、2008 年《中国科技统计年鉴》。

二、保障政府科技投入稳定增长

2012 年 7 月 6 日温家宝在《全国科技创新大会》上的讲话中强调，要建立健全财政性科技投入稳定增长机制，充分发挥政府科技投入的引导作用。由于科技活动具有非排他性、外溢性等特征，因而政府在科技投入中的主导作用尤为重要。但依据表 6.3 中的数据，2005—2008 年期间，与美国、英国和法国相比，我国政府 R&D 经费投入占 R&O 经费总投入的比重最低，且整体呈下降趋势，2008 年仅为 23.4%；而同期美国高出我国 3.5 个百分点，英国高出 7.3 个百分点，法国高出达 16 个百分点。整体而言，我国政府对科技活动资助强度低于美国、英国、法国，且有较大差距。同时根据表 6.4 的数据，我国财政科技拨款绝对量处于不断增长态势，但与国家财政总支出相比，其相对增长速度并不明显，尤其是中央财政科技经费支出比例有所下降。因此，应当继续加大财政的科技投入力度，在保持地方财政科技投入比例增长的同时，也应适当增加中央财政的科技投入比例。

表 6.3　政府 R&D 经费投入与 R&O 经费总投入的比重(%)(中、美、英、法比较)

	中国	美国	英国	法国
2008	23.4	26.9	30.7	39.4
2007	24.6	27.7	29.3	38.4
2006	24.7	29.3	31.9	38.4
2005	26.4	31.0	32.8	37.6

表 6.4　国家财政科技拨款及比例(2006—2010 年)

	国家财政科技拨款(亿元)	占财政总支出比例(%)	中央财政科技拨款(亿元)	占国家财政科技拨款比例(%)	地方财政科技拨款(亿元)	占国家财政科技拨款比例(%)
2010	3 250.18	3.62	1 661.30	51.11	1 588.88	48.89
2009	2 744.52	3.60	1 433.82	52.24	1 310.70	47.76
2008	2 129.21	3.40	1 077.35	50.60	1 051.86	49.40
2007	1 783.04	3.58	924.60	51.86	858.44	48.14
2006	1 263.3	3.12	834.97	66.09	428.33	33.91

三、加大企业 R&D 经费投入力度

企业作为科技资源创新的主体不仅是指企业作为研发主体、利益分配主体，也包含企业作为科技资源创新的投入主体。企业作为科技资源创新的投入主体有利于企业根据市场需求状况和竞争格局，结合企业自身的特点，开展科技创新活动，

从而有利于企业科技创新的发生、提升市场竞争的优势。有企业家指出：R&D 投资占销售额的 1%，企业就难以生存，占 2%可以勉强维持，占 5%才有竞争力[①]。但依据表 6.5 中的数据，2004—2008 年期间，中部六省大中型企业 R&D 经费占销售收入的比重，除个别省域的个别年份之外，均低于 1%，全国大中型企业 R&D 经费占销售收入的比重不足 1%；且 2004—2008 年期间波动较大，未能呈现逐步增长的态势。因此，我国企业应进一步加大 R&D 经费的投入，提高科技投入强度。

表 6.5　中部六省大中型企业 R&D 经费占销售收入的比重(%)(2004—2008 年)

	安徽	湖北	湖南	河南	山西	江西	全国
2008	0.6	0.7	0.7	0.4	0.5	0.6	0.6
2007	0.8	0.8	1.0	0.6	0.6	1.1	0.8
2006	0.8	0.8	0.6	0.5	1.1	0.8	0.8
2005	0.7	0.7	0.7	0.6	0.4	1.0	0.8
2004	0.7	0.6	0.7	0.5	0.5	0.9	0.7

四、健全科技资源风险投资机制

由于政府的财政收入有限以及企业的资金实力不强等原因，单靠政府、企业和高校的科技投入不足以支撑强大的科技需求，导致科技投入存在资金缺口。因此，需健全科技资源风险投资机制，将政府、企业和高校以外的社会资金、国外资金引入科技活动，以弥补科技投入的资金缺口。健全科技资源风险投资机制，关键是要开拓风险投资的融资渠道，培育多元化的市场主体；完善有利于风险投资发展的相关政策、法律、法规；建立、健全风险投资的退出机制。

五、完善 R&D 活动人员培养机制

根据前文实证研究的结果，R&D 活动人员对科技资源配置成效的影响较为显著。根据表 6.6 相关数据的比较，可以发现从研发人员投入的绝对量来看，我国同其他国家相比具有较强的人力资源优势；但从相对量来看，则同部分发达国家的差距仍较大。因此，需进一步完善 R&D 活动人员培养机制。根据表 6.7 的相关数

① 傅家骥，仝允桓，高建，等. 技术创新学[M]. 北京：清华大学出版社，2004.

据，中部六省每万人中从事R&D活动人员数均未达到全国的平均标准，最高的湖北也仅刚刚超过全国的平均标准。因此，完善R&D活动人员培养、加强对R&D活动人员投入是中部六省乃至全国提升科技资源配置效率的重要措施。

表6.6　中国与部分国家研发人力资源比较

	中国（2010年）	美国（2008年）	日本（2008年）	英国（2010年）	法国（2008年）	德国（2009年）
从事R&D活动人员（千人）	3 542.2	—	882.7	319.5	384.5	529.1
研究人员（千人）	1 747.6	1 412.6	656.7	235.4	229.1	311.5
每万人中从事R&D活动人员（人年）	45	—	133	102	137	127
每万人中研究人员（人）	22	92	99	75	82	75

注：数据来源于《中国科技统计年鉴（2011）》。

表6.7　中部六省研发人员投入强度（2010年）

	安徽	湖北	湖南	河南	山西	江西
R&D活动人员（千人）	87.7	131.7	93.8	132.1	65.1	51.9
每万人中从事R&D活动人员（人年）	14.3	23.02	13.59	13.25	19	11.71

首先，要提高研发人员的经费资助水平和生活质量。提高研发人员的经费资助水平，提供有利于研发人员合作交流的政策环境，营造有利于研发人员创新的氛围，以优化研发人员的研发环境；通过提供给研发人员更好的生活待遇，优化研发人员的生活环境，以提升研发人员的生活质量，从而留住国内优秀的科技力量，防止智力流失。其次，加强对企业知识型人员的培训。随着知识经济的出现，知识在促进经济增长中发挥越来越重要的作用，促使企业人力资源需求的重点由生产和操作型人员转向知识型人员。再次，加强对国际高科技人才的引进。目前国内外关于人力资源国际流动的科技政策主要呈现以下两种趋势，其一，采取各种措施鼓励研发人员和学生在国外研究和学习，以将其置身于国际环境之中；其二，采取措施从国外大力引进高级科技人员①。

① 经济合作与发展组织. OECD科学技术与工业概览[M]. 北京：科学技术文献出版社，2002.

第二节　省域科技资源配置结构方面

科技资源的配置结构主要反映科技资源在各领域和主要环节的分配比例，包括科技人力资源配置结构和科技财力资源配置结构。根据第五章第二节所得出的结论，科技资源配置结构对科技资源配置效率的影响较为显著。而根据表 5.3 与表 5.4 中的数据，企业科技人员与科技经费对科技资源配置结构的影响均较大。因此，企业应成为科技研发创新的主体，要引导企业加大对应用研究、实验发展等方面的投入，加强对高新技术产品开发；政府要扮演好科研推动者的角色，要将财力投入基层研究领域和企业的科研条件方面；高校、科研院所要与企业加强合作，共建协同创新体系。

一、构建以企业为主体的科技资源创新体系

科技资源创新主体是指参与科技资源创新活动过程，并在科技资源创新活动中居于主导地位、发挥主导作用的社会组织或社会角色。在科技资源创新体系中，政府、企业和企业外的研究开发机构、高等院校等谁是技术创新主体，关键要看科技创新活动的经费来源、使用和成果产出的分布主要是在企业还是在企业以外的研究机构中。从全社会范围角度，企业相对于政府和其他科研机构，在科技创新活动过程中占主导地位和发挥主导作用，应作为科技创新主体。首先，随着知识经济时代的到来，科技在促进经济增长中的作用不断增强。企业作为社会的基本经济细胞，在科技研发中发挥着越来越重要的作用。其次，企业是市场主体，直接参与市场竞争，对产业和产品的技术创新最为敏感。企业主导技术研发和创新，才能加快技术创新成果转化应用，才能有效整合产学研力量，才能真正解决科技与经济"两张皮"问题。企业作为科技创新的主体，就其微观作用而言，有助于企业获得较高的经济效益、促进其核心竞争力的提升；就其宏观作用而言，有助于促进经济增长方式的转变、提高经济增长质量。依据表 6.8 中的数据，2004—2008 年期间，中部六省企业科技经费的支出呈快速增长趋势，且企业科技经费支出占科技经费支出的比重逐渐提高，均超过 50%，且山西、河南企业经费支出的比重达 70%以上，安徽、江西的比重接近 70%，这说明企业在科技创新体系中的主体地位得到进一步确立。而继续强化企业的主体地位，需在创新意识、科技政策、投入等方面进一步采取措施。

表 6.8　中部六省科技经费支出企业所占比重(%)(2004—2008 年)

	安徽	湖北	湖南	河南	山西	江西
2008	69	54	53	72	82	69
2007	73	47	54	71	80	72
2006	67	46	49	69	80	71
2005	67	48	44	63	72	66
2004	64	47	46	62	68	59

注:资料来源于《中国科技统计年鉴》。

首先,要继续强化企业的创新意识。企业要持续发展,创新是根本保证,强化创新人才培养,提高创新意识变成企业的首要任务。创新意识属于文化范畴,其从主导价值观上规范着企业的行为,影响着企业的科技资源配置方向。企业在市场竞争中的最终结果是优胜劣汰,企业要想在激烈的市场竞争中求得生存和发展,创新是其唯一的出路。企业应尽量为每一位职工提供创新的机会和氛围,让员工在紧张忙碌的工作中保持活跃的思维、工作的激情,提倡创新的概念,使创新的意识融入到日常的工作中,成为企业全体员工的自觉意识。

其次,要优化企业科技投入结构。根据前文实证研究的结论,部分省域企业的科技资源产出、大中型工业企业新产品产值率的成效不够明显,对提高科技资源配置效率不显著。通过对部分省域企业研发经费投入结构的分析,认为主要与企业在从事技术开发活动中只重技术引进轻消化吸收、自主创新能力不强的现状相关。

表 6.9　湖北省企业消化吸收经费支出与技术引进经费支出(2007—2010 年)

	2010 年	2009 年	2008 年	2007 年
企业消化吸收经费支出(万元)	29 408	16 591	22 923	16 312
企业技术引进经费支出(万元)	190 418	109 364	95 030	83 022
消化吸收经费占技术引进经费的比重(%)	15.44	15.17	24.12	19.65

注:资料来源于《中国科技统计年鉴》。

表 6.9 是湖北省 2007—2010 年企业技术引进经费支出与技术消化吸收经费支出情况,根据表中的数据,技术消化吸收经费支出只占到技术引进经费支出的五分之一左右。有研究表明,引进同等的技术设备,我国用于消化吸收再创新的费用大概只及日韩的 0.7%。其结果必然导致"引进—落后—再引进—再落后"的局

面，从而不利于我国科技资源配置效率的提高①。因此，要通过有效的政策，引导企业优化科技投入结构，以技术引进为支撑，重点加以消化吸收并再创新，以自主创新成果的产业化为核心，促进具有自主知识产权的科技成果产业化。

再次，加强企业同高校和科研机构的合作。作为科技资源创新的主体，企业研发能力的强弱、研发成果质量的高低，一方面取决于企业的研发资金的投入状况；另一方面取决于企业的技术累积情况，而根本上取决于研发人力资源的质量。企业研发人力资源质量的提升，一方面依赖于企业自身的培育和通过"干中学"不断地进行知识积累；另一方面则依赖于新的人力资源的注入，而高校和科研机构则是提供高素质的人力资源的源泉②。

二、正确处理基础研究、应用研究与实验发展的关系

联合国教科文组织制定的科技统计的国际标准中，将"研究与试验发展(R&D)"划分为基础研究、应用研究和试验发展三种类型。基础研究是指为了取得现象和可观察事实的基本原理，而进行的实验性或理论性工作，不以任何专门或具体的应用和使用为目的。应用研究是指为获取新知识而进行的创造性的研究，主要是达到具体的实际目的或目标。试验发展是指任何为了生产新的材料、产品和装置，建立新的工艺系统和服务，以及对已生产和建立的上述各项进行实质性的改进，利用从研究和(或)实际经验所获得的现有知识系统的工作。在重要性方面，基础研究是技术进步和经济发展的先锋，是应用研究与实验发展的前提，是新技术、新工艺、新流程、新产品产生的基础。但在取得科技成果的时间长短方面，应用研究与实验发展取得成果的时间一般不会很长，因为它是按照预定的目标和周密的计划有条不紊地进行的，而且实用的商业目的也不容许研究计划拖长，否则便难以即时取得经济效益或在商业竞争中获胜。相比之下，基础研究往往需要较长的时间，少则几年，多则几十年，有的甚至要耗费一个人的毕生精力或要经过几代人坚持不懈的努力。由于基础研究不能迅速地带来可观的经济效益和商业利润，因而它经常受到不同程度的忽视。

根据表6.10中的统计数据，中部六省基础研究经费的投入占R&D经费的比重，均低于8%，其中河南、山西仅达到2%左右。而根据美国科学与工程指标提供的数据统计，在1953—2004年的半个多世纪里，美国基础研究经费年均增长10.1%，显著高于R&D经费年均增长的8.5%；基础研究经费占R&D总经费的

① 刘玲利.科技资源配置理论与配置效率研究[D].吉林：吉林大学，2007.

② 刘玲利.科技资源配置理论与配置效率研究[D].吉林：吉林大学，2007.

比例也是逐年上升，从 1953 年的 8.9％上升到 2004 年的 18.7％①。美国总统奥巴马上任后宣布，政府在科学研究和改善科学教育方面将投入更多的资金，承诺在未来 10 年内将美国的基础研究经费再翻一番。美国正是凭借其在基础研究领域中长期高投入所积累的优势，控制了技术发展的方向，占据了技术发展的制高点和市场优势，成为世界高技术产品市场的主宰②。可见，中部六省的基础研究经费投入明显偏低，将不利于科技资源的可持续发展。

表 6.10 中部六省基础研究、应用研究、实验发展的经费投入

		安徽	湖北	湖南	河南	山西	江西
2010 年	基础研究(亿元)	12.23	10.25	6.91	3.10	2.28	2.44
	基础研究所占比重(％)	7.47	3.88	3.70	1.47	2.54	2.80
	应用研究(亿元)	15.66	47.25	24.91	9.41	16.43	7.89
	实验与发展(亿元)	135.83	206.62	154.74	198.66	71.17	76.82
	R&D 经费总支出(亿元)	163.72	264.12	186.56	211.17	89.88	87.15
2009 年	基础研究(亿元)	10.04	8.93	7.74	2.50	2.30	2.12
	基础研究所占比重(％)	7.39	4.18	5.04	1.43	2.84	2.79
	应用研究(亿元)	15.60	33.52	21.56	8.59	12.80	12.92
	实验与发展(亿元)	110.32	171	124.20	163.67	65.76	60.85
	R&D 经费总支出(亿元)	135.95	213.45	153.50	174.76	80.86	75.89

注：数据来源于 2010—2011 年《中国科技统计年鉴》。

三、高校、科研院所要与企业共建协同创新体系

作为连接科学创新和技术商业化的跨组织合作模式，协同创新得到世界各国的普遍重视，并取得了显著成效。美国硅谷的成功，关键在于形成了以企业、大学、研究机构、行业协会为核心的协同式区域创新网络；芬兰通过在电子通信产业领域建立包括诺基亚等 200 多家信息通信企业、29 所大学以及一批科技中介和金融服

① 周文能．关于原始性创新与国家竞争力的思考[J]．科学学与科学技术管理，2007(11)：53-60.

② 颜永廷，张卫平．我国基础研究经费投入政策建议[J]．市场周刊，2009(12)：64-66.

务机构在内的“信息通讯技术联盟”，长期称雄全球最具创新精神国家的排行榜[①]。而我国高校、科研院所、企业之间缺乏有效的合作，高校、科研院所科技成果转化率低，未能有效支撑经济的发展。

根据表 6.11 中的数据，2006—2010 年期间，中部六省专利申请授权量增长较快，其中安徽增长了 616.42%，湖北增长了 266.75 %，湖南增长了 147.38 %，河南增长了 215.51 %，山西增长了 234.41 %，江西增长了 183.27 %。但技术市场成交额占本地 GDP 比例的增长却不够理想，只有安徽、山西、江西出现小幅度增长，湖北、湖南、河南却出现了下降趋势。同样，大中型工业企业新产品销售收入占总销售收入比重的增长也不够理想，其中，安徽、湖北、湖南为正增长，而河南、山西、江西为负增长。可见，2006—2010 年期间中部六省科技资源的直接成果增长较快，但直接成果转化为经济效益却不够理想。另据统计，目前我国每年取得的省部级以上科技成果有 3 万多项，但成果转化率仅为 25%左右，真正能实现产业化的不足 5%，科技进步对经济增长的贡献率不足 40%（发达国家这一比例高达 60%以上）[②]。因此，高校、科研院所与企业共建科技资源协同创新体系，推动产学研之间深度合作和共同发展，是提升省域科技资源配置效率的关键。

表 6.11　中部六省部分科技资源产出指标(2006—2010 年)

		安徽	湖北	湖南	河南	山西	江西
2010 年	专利申请授权量(项)	16 012	17 362	13 873	16 539	4 752	4 351
	技术市场成交额占本地 GDP 的比例(%)	0.373	0.57	0.25	0.12	0.2	0.24
	大中型工业企业新产品销售收入占总销售收入比重(%)	17.85	16.32	27.29	8.39	5.51	11.52
2009 年	专利申请授权量(项)	8 594	11 357	8 309	11 425	3 227	2 915
	技术市场成交额占本地 GDP 的比例(%)	0.35	0.59	0.34	0.14	0.22	0.13
	大中型工业企业新产品销售收入占总销售收入比重(%)	16.1	16.1	29.7	9.6	7.9	10.6

① 何郁冰. 产学研协同创新的理论模式[J]. 科学学研究，2012(2)：1 - 10.

② 何郁冰. 产学研协同创新的理论模式[J]. 科学学研究，2012(2)：1 - 10.

续表

		安徽	湖北	湖南	河南	山西	江西
2008 年	专利申请授权量(项)	4 346	8 374	6 133	9 133	2 279	2 295
	技术市场成交额占本地GDP 的比例(%)	0.367	0.555	0.414	0.141	0.175	0.112
	大中型工业企业新产品销售收入占总销售收入比重(%)	12.7	18.3	19.8	9.0	7.6	13.7
2007 年	专利申请授权量(项)	3 413	6 619	5 687	6 998	1 992	2 069
	技术市场成交额占本地GDP 的比例(%)	0.36	0.57	0.50	0.18	0.15	0.18
	大中型工业企业新产品销售收入占总销售收入比重(%)	12.8	16.4	18.5	9.3	8.0	14.5
2006 年	专利申请授权量(项)	2 235	4 734	5 608	5 242	1 421	1 536
	技术市场成交额占本地GDP 的比例(%)	0.30	0.59	0.60	0.19	0.12	0.20
	大中型工业企业新产品销售收入占总销售收入比重(%)	12.2	10.2	16.4	9.8	8.5	15.4

注:资料来源于 2006—2010 年《中国科技统计年鉴》《中国统计年鉴》。

首先,要构建有效的组织协同体系。产学研协同创新涉及不同利益目标的创新主体,是一种独特的混合型(hybrid)跨组织关系①,单个组织无法取得合作的全部控制权,需要有新的管理技能和组织设计能力。传统的产学研合作常常表现为大学研究人员与企业研究者之间组成的个体性网络,这类合作大多以项目合作为主,规模很小,产生的效应也小,因此需要在更高的层次上构建一个跨边界的组织机构②。国外所探索出的工程研究合作中心(ERC)、孵化器(Incubator)、合作研究中心(CRC)、共建研发中心或实验室、合资创办企业、技术转移办公室(TTOs)等组

① Borys B, Jemison D. Hybrid arrangements as strategic alliances: theoretical issues and organizational combinations[J]. Academy of Management Review, 1989, 14(2): 234 - 249.

② 何郁冰. 产学研协同创新的理论模式[J]. 科学学研究, 2012(2): 1 - 10.

织协同模式,有效克服了传统的产学合作研究项目中由于非正式的、私人方式形成的合作模式所存在的某些局限。构建有效的组织协同体系,首先要注重组织的结构协同和过程协同,要根据协同各方参与合作的资源、合作的时间长度、合作关系的正式程度等确定结构和过程协同的具体形式。其次,成立协同创新委员会等专门机构管理协同过程。可建立以企业、大学和科研机构为核心,联合政府相关部门、中介组织、金融机构等组成的协同创新委员会,有助于组织和协调知识在不同的个体和组织领域中的跨界流动①。

其次,要构建有效的协同服务体系。传统的产学研合作创新大多侧重企业与大学、科研机构的"内部协同",忽略了外部的支持性因素和辅助组织的作用,没有建立起包括中介机构、金融机构、政府部门等共同参与的协同创新网络,不能把相关参与方纳入合作模式中,也就不能调动这些参与方的积极性,从而造成产学研合作的生态环境恶化,影响了协同创新的实际效果②。在协同服务体系中,技术中介机构提供的是"链式"服务,针对技术转移的持续性和协作性等特点,为技术转移的各个环节提供无间断的服务,独立的技术中介机构在建设本土化的创新驿站过程中实施升级转型,成为区域协同创新体系的有力支撑③。政府是这一体系重要的组织者和管理者,通过制定政策法规和提供资金扶持等方式从宏观角度间接地调控社会经济的发展方向和发展速度。政府加大科技投入,应当注重对具有一定创新能力的研究型大学给予重点扶持。政府通过进一步改善人事体制、社会保障等方面的问题,为稳定科技创新人才队伍提供政策保障,从而保证科技创新的有序进行。同时通过政策性配置加大支持力度,更好地推动区域产业化环境建设。而研究型大学、技术中介机构以及中小企业直接对政府或由政府设立的专门委员会负责,提出资金及其他资源的资助申请。

再次,要构建有效的竞争协同机制。协同创新主体之间既有竞争又有协同,竞争是指各主体通过激烈的争夺,实现组织生存和进化目的的活动;协同是指各行为主体之间通过合作共赢的方式,采取一种较温和的组织进化方式协作共进、共同发展。竞争协同机制主要包括协同动力机制、信息沟通机制、创新合作机制、利益分配机制和风险控制机制 5 个子机制④,构建有效的竞争协同机制是各主体协同创新

---

① Katz R, Tushman M J. A longitudinal study of the effects of boundary spanning supervision on turnover and promotion in research and development [J]. Academy of Management Journal, 1983, 26(3): 437 - 456.

② 李廉水. 论产学研合作创新的组织方式[J]. 科研管理, 1998, 19(1): 30 - 34.

③ 许彩侠. 区域协同创新机制研究:基于创新驿站的再思考[J]. 科研管理, 2012(5): 19 - 27.

④ 李俊华,王耀德,程月明. 区域创新网络中协同创新的运行机理研究[J]. 科技进步与对策, 2012(7): 32 - 36.

得以运行的关键。协同动力机制是协同创新主体基于经济效益、主体价值与社会价值诉求，根据内外部客观环境作出的协同创新行为的保障，是市场上参与竞争的主体依据价值规律和竞争法则向市场提供产品和服务的力量之源。信息沟通机制有助于消除由于主体间存在的技术创新能力、经营条件和企业文化等差异而造成联盟内部所存在的摩擦、碰撞乃至冲突；信息沟通机制是否有效与创新成功与否有密切关联，技术开发中出现问题往往由于沟通不够，出现信息黏滞造成信息沟通不畅，它是合作成功的必要因素，也是信息交换、创新产生的最佳方式。创新合作机制具有很强的灵活性和适应性，是协同创新主体为实现各自的利益目标，与其他主体在共同利益一致的基础上，开展以知识和技术为纽带、由创新驱动的优势互补与分工协作的非股权型网络式联盟。利益分配机制所解决的是协同创新主体利益的公平分配问题，是合作各方之间引发冲突的实质性问题，也是影响合作创新成败的关键因素和核心问题；利益分配机制是否有效，会直接影响到协同创新的积极性，进而影响协同创新的结果。风险控制机制是确保风险分担的关键，在区域创新网络协同创新过程中，必须对影响最优风险分担的因素进行分析，并建立合理的协同创新风险分担机制。

第三节　省域科技资源配置环境方面

配置环境是指影响科技资源配置行为的所有外部条件的总体，包括观念、制度、政策、规则等各个方面，其中关于科技资源管理的政策环境以及科研人文环境是科技资源配置环境的主要方面。根据第五章第二节所得出的结论，科技配置环境对科技资源配置效率的影响显著。而根据表 5.3 中的数据，资源配置政策(X_2)对潜变量 ξ_1 的载荷最大，其次为资源配置机制(X_1)。因此，在优化科技配置环境方面，要重点完善科技资源配置政策，尤其是科技成果转化政策。要健全资源配置机制，构建以政府引导和市场主导相结合为手段、以战略新兴产业和高新技术产业为目标、以市场竞争机制和行政激励机制为基础的配置方式；要通过广泛宣传，营造人人关心科技进步、人人参与技术创新、人人尊重科技人员的生动局面，为科技人员的创新提供良好环境。

一、完善科技成果转化的政策环境

科技成果转化是加快科技进步、推动经济增长方式转变的重要环节，是科技成果由潜在生产力转化为现实生产力并发挥其经济价值和社会价值的关键。科技成果转化的过程包含着科技成果源、中介环节和科技成果吸收体三个相互影响、相互制约、相互作用的环节，科技成果的有效转化需要科技成果源、中介环节和科技成果吸收体三者之间的正常运行①。在这一过程中，高校和科研机构是科技成果的供给方，生产企业是科技成果的需求方，政府部门是推动科技成果转化的调控系统，对科技成果的供给方、需求方和中间媒介进行宏观调控，促进科技成果的转化。

当前科技成果转化的制约因素主要存在三个环节，表现为成果供给能力不足、中介服务不够、成果需求疲软。完善科技成果转化的政策环境，首先要健全科技成果转化的激励机制，尤其是要改变高校、科研院所的评价与激励机制以论文专利等作为主要考核标准，改善对科技成果转化的激励不足的现状。其次，要明确科技成果转化的产权保护问题。知识产权的保护，是维护知识产权拥有方的各项权益，促进科技成果的产生及其向社会生产力转化，进而促进科技资源配置效率提高的重要措施。为了解决科技成果转化的知识产权归属问题，美国 1980 年颁布了《拜杜法案》，其核心内容是规定在美国联邦政府经费支持下完成的研究成果属于研究单位所有，联邦政府保留对科技成果优先使用的权力。《拜杜法案》明确了科技成果知识产权的归属问题，将研究成果由联邦所有转为单位所有，为快速转化科技成果提供了前提条件，同时也使研究者更注重研究成果的产业化方向②。该法案的颁布，对美国科技成果转化产生了积极影响，高校、科研单位的学术研究环境有了巨大的改变，每年在美国专利和商标办公室发布的专利数飞涨，技术转移市场运作得到了迅速发展，众多科技成果得到有效转化。再次，完善科技成果转化的中介服务体系。关键是要建立科学权威的科技成果鉴定、评估、定价及监管等方面的中介机构，搭建科技金融投融资服务平台，集聚各类投融资机构信息，为科技成果对接提供信息服务、建议咨询等中介服务。

二、健全以市场为基础的科技资源配置机制

根据前文实证研究的结论，科技资源配置机制对科技资源配置效率具有显著的影响，尤其是市场配置机制，其载荷系数最高。科技资源配置包括计划配置、市场配置和混合配置。计划配置能够从全局利益出发，考虑科技与经济的各环节、各科技领域的发展现实、各部门和各地区的实际情况，促进科技、经济和社会的协调发展；但在调动科研主体积极性、提高科研效率的能力方面存在不足。市场配置可

① 敬志伟. 构建和完善科技成果转化的政策保障体系[J]. 理论月刊，2011(12)：45－47.

② 秦小莉. 美国大学科技成果转化机制研究[D]. 武汉：武汉理工大学，2005.

促进科技活动的主体，按照经济利益最大化的要求，依据市场信号，匹配自己的人、财、物，实现科技资源处于合理的配置状态；但会导致基础性科研成果的严重不足。混合配置是政府计划与市场需求相结合的混合型资源配置，是能够合理搭配计划配置和市场配置两种模式、弥补各自不足的一种科技资源优化配置模式。省域科技资源的配置应是计划配置与市场配置相结合的混合型资源配置，且能充分发挥计划与市场的优势，实现省域科技资源的优化配置。

首先，要充分发挥市场在科技资源配置中的基础作用。科技资源配置若完全服从于政府的计划，科技资源则被视为公共资源，其本应具有的商品属性被虚置，就可能导致科技与经济脱节、资源稀缺与资源浪费现象并存、全社会的创造力受到压抑。市场配置是各类科技资源通过市场在不同科技活动主体、领域、过程、空间、时间上的分配和使用，市场配置可通过价格机制、竞争机制、供求机制实现各科技活动主体的科技合作，实现科技资源的高效利用。

发挥市场机制的基础作用，当前尤其要注重利用市场机制构建科技合作联盟、加速科技成果转化。科技合作联盟主要包括企业、高校和科研院所，利用市场机制，企业应积极搜集和研究未来市场机遇与技术需求信息以及已有和潜在的产学研联盟伙伴科技优势资源信息，发现新的市场机遇，并探求科技合作的可能性。高校与科研院所应基于技术发展趋势，面向企业未来需求，主动地研发具有市场前景的技术及产品，宣传拥有的优势科技资源与特色，及时发布最新的科技成果，不断发现和积累有关企业合作伙伴信息，寻找与企业合作的新机会。根据前文实证研究的结论，科技成果转化是制约科技资源配置效率的重要因素。应充分发挥市场机制的优势，丰富市场的技术信息，把技术市场打造成科技成果转化信息集散地，通过各种途径和方式收集、整理和发布成果供需信息，包括哪些成果更具竞争力、哪些单位提供类似成果、成果价格、市场对成果的反馈信息、转化过程中可能遇到的问题等。供方根据市场信息不断改进研发方式，调整研发内容，以满足市场需求。需方根据消费者对商品市场的反应或者对未来商品市场的预测来调节成果需求。

其次，要防范市场配置的风险。风险通常是指由于不确定性的存在，事件发生不良后果的可能性以及不良后果的严重性。市场环境的高度不确定性和市场化活动本身的复杂性，意味着在科技资源的市场化配置过程中存在很多风险，可能导致市场化过程中的费用、进度和结果达不到预期目标[①]。市场配置存在的风险包括配置模式选择的不当，即能否根据科技资源产品的性质及服务对象的不同而选择

① 唐泳，赵光洲．科技资源市场化配置中的风险分析[J]．科技进步与对策，2011(4)：129－133．

合适的配置模式；目标市场定位的风险，即投入大量时间、资金和人力成本形成的科技资源在最终产生成果时能否被市场所接受；供求双方交易的不确定性，即在缺乏稳定高效的科技信息服务机制的情况下，科技资源的供求双方能否进行良好的信息交流，交易能否顺利进行；竞争对手的模仿风险，即科技成果需求方投入人力、财力将科技成果商品化后能否获得预期的收益；科技人员的伦理风险，即在市场竞争的外部压力和追求自身利益最大化的内在驱动下，科技人员能否遵守学术规范、不做出违反伦理道德的行为，如研究过程弄虚作假、剽窃他人研究成果、私自出卖共有成果或技术、研究成果危害他人或自然生态等。降低市场配置的风险，需要政府发挥在科技资源配置中的宏观调控职能，主导关系国家安全和长远发展的重大前瞻性、公益性的基础性研究领域，政府应主导其资源的配置；需要保护资源所有者的权益，加大对各种侵权行为的监督和打击力度，减少和杜绝对知识产权所有人合法权益的侵害；需要完善科技中介服务体系，建立科技资源的共享机制等。

再次，要准确定位政府在科技资源配置中的职能。科技资源的经济特性，决定了科技资源的配置应该以市场为基础，但科技资源的公共物品特性，也决定了科技资源的配置离不开政府。作为公共管理机构，政府应从宏观层次入手，对全社会的科技资源在不同科技活动主体、不同科技活动过程、不同学科领域、不同地区、不同部门、不同行业之间的分配，政府要重点支持基础与前沿研究、事关国家全局的战略高技术研究和事关民生的公益性科技研究，引导和支持企业突破核心关键技术、共性技术，支持新技术新产品推广应用。为此，政府应依据相关法律为科技资源配置制定相关政策，通过相关的法规政策规范资源配置过程，避免配置过程中的“跑冒滴”现象；应加大对国家安全和长远发展的重大前瞻性、公益性的基础性研究领域的投入；应协调好科技资源配置活动涉及的多方面的主体，如企业、高校、科研院所、中介机构等之间的关系，成为各主体之间的纽带。

三、构建省域科技资源共享机制

2012 年 7 月 6 日温家宝在《全国科技创新大会》上的讲话中强调，要建立科技资源开放共享机制，国家投资建设的科研设施要向企业开放，作为技术研发的公共平台，国家支持的科研活动所获得的信息资料，要最大限度地向社会公开。科技资源共享是指在一定制度约束条件下，为适应科技创新活动需要，在不改变资源所有权性质的基础上，对科技资源的产权关系进行调整，使不同创新主体间共同享有科技资源的使用权，共同分担创新成本、风险，共同分享创新收益的一种科技资源配置方式[①]。资源共享是与开放式创新、集群式创新等新型创新模式相适应的科技资源利用方式。开放式创新是指以均衡企业内部和外部的资源来产生创新思想，同时综合利用企业内、外部市场渠道为创新活动服务[②]。集群式创新(clustering innovation)是运用集群优势进行技术创新，具有互惠共生性、协同竞争性、资源共享性和地方结网性的特征[③]。随着这些新型创新模式的深入发展，构建科技资源共享机制已经成为科技创新与社会发展所不可缺少的一种内在要求。

首先，完善科技资源共享的法律体系。科技资源共享是一项庞大的系统工程，涉及科技资源创新的相关主体之间利益的调整，必须依靠制定完善的法律体系得以实现。如美国的《美国联邦信息资源管理法》、德国的《信息和通讯服务规范法》、俄罗斯的《联邦信息、信息化和信息保护法》、法国的《信息社会法》等，对科技资源的开放与共享产生重要的推动作用。美国政府在推动国内科技资源共享方面的成绩尤为突出，美国联邦政府建立了以"完全与开放"为核心的法律和制度保障体系，包括《信息自由法》《版权法》以及国家各项科技计划等，这些数据共享政策规定除美国国家政府所有和国家投资产生的数据以及危及国家安全、影响政府政务、涉及个人隐私的信息，其余全部纳入"完全与开放"的数据共享管理机制。结合国外在这方面非常成功的经验及我国的实际情况，关键是要理顺科技资源的所有权关系。要将科研设备的所有权、科研成果的所有权、国家科技资源的公共物品属性及其占有和利用方式等以法律的形式明确；要十分重视相关知识产权保护，尤其是科技成果以及科技信息资源的知识产权保护，政府应该成为知识产权保护的倡导者、执法者、监督者。

其次，健全省域科技资源共享的管理机制。一套完善的管理机制主要表现为运行机制、动力机制、约束机制三个方面[④]。其中运行机制为主干，动力机制和约束机制为双翼，三者相辅相成。动力机制是指管理系统动力的产生与运作的机理，主要由利益驱动、政令推动、社会心理推动等构成。约束机制是指对管理系统行为进行限定与修正的功能与机理，主要包括权力约束、利益约束、责任约束、社会心理约束等约束因素。

再次，制定省域科技资源共享的相关制度。当前要关注两点，一是要明确属于

---

① 郑长江，谢富纪，傅为忠. 科技资源共享的效益提升路径设计[J]. 科技进步与对策，2010(8):7-10.

② 郑小平，刘立京，蒋美英. 企业开放式创新理论的研究述评[J]. 中国科技论坛，2007(6):40-44.

③ 刘友金. 中小企业集群式创新研究[D]. 哈尔滨:哈尔滨工程大学，2002.

④ 吕艳华，郭文秀，何小峰. 区域科技资源共享管理机制建设的思考[J]. 医学信息学杂志，2011(9):59-64.

公共物品的科技资源的共享政策，国家采用投资的方式委托政府部门、科研单位或企业单位进行的科学活动中产生的物质和信息，属于公共物品。二是要建立科技资源分类分级的共享策略与共享模式，对于科技基础设施应采用共建共享的模式，对于研究实验基地，主要采用开放流动的方式实现共享；对于自然科技资源，可采用对社会开放的实物资源共享，有条件交换的资源共享，配额共享等多种方式；对于科学数据与科技文献，按共享原则建设专业化共享服务系统①。

四、营造良好的科研氛围

要通过大力宣传、培训及普及教育，使全社会形成尊重知识、尊重人才的良好氛围，在全社会进一步形成讲科学、爱科学、学科学、用科学的浓厚氛围，创建出“尊重创新愿望、发挥创新才能、肯定创新成果”及“鼓励成功、宽容失败”的良好风尚。从而有利于创造性科技成果的产出，尤其应当注意加强对科技资源配置主体的科技意识的培育，使其形成尊重他人的劳动成果，并善于利用知识产权制度来维护自身权益。

第四节 省域科技资源可持续发展方面

省域科技资源持续发展是指面临区域内外环境的不断变化，要能够持续创造符合当前和未来经济社会发展所需要的科技成果。根据表 5.3 和表 5.4 中的数据，持续发展能力(ξ_4)对 η_1 和 η_2 的路径系数虽然低于 ξ_1、ξ_2 和 ξ_3，但其对科技资源配置效果的影响不容忽视。增强科技资源持续发展能力、促进省域科技资源的可持续发展，需要树立科技资源配置主体的科学配置理念，需要培养科研人员追求真理、勇攀高峰、宽容失败、团结协作的创新精神以及潜心钻研、扎实勤勉的治学精神，更需要培养科研人员具备学习的动力、毅力和能力，能在未来的科技竞争中始终保持知识和技术的优势。

一、树立省域科技资源可持续发展理念

思想是行动的先导。效率理念有如一股无形的力量，影响和制约着省域科技

① 魏淑艳. 我国科技资源共享的有效路径探究[J]. 科学管理研究，2005(6)：32 - 35.

资源配置,是省域科技资源配置的深层结构。为什么有些省域重经济发展轻科技资源投入,有的甚至以牺牲科技的发展为代价呢?为什么科技资源投入增长了,科技资源配置的成效得不到相应的增加呢?一个重要原因就是科技资源配置理念不科学。因此,树立科学的省域科技资源可持续发展理念,是有效提升省域科技资源配置效率的重要保障。

1987年世界环境与发展委员会在《我们共同的未来》报告中第一次将可持续发展定义为既满足当代人的需求,又不对后代人满足其需求的能力构成危害的发展,并强调了可持续发展是长期的、全局的、支持全球人类持续进步的道路①。此后,这一概念或被以具体的实体的概念使用,或被以抽象的概念使用,被越来越多的人所认可和接受,并被广泛应用到各个领域。科技可持续发展,作为一种新的科技发展观和科技发展模式,是人类对科技发展认识的质的飞跃,是从单纯追求科技发展到强调科技与资源、环境、经济、社会等互动协调发展,从不可持续发展到可持续发展的转变,是达到既满足区域当前科技发展的需求,又不对区域未来科技发展能力构成危害的科技发展模式。区域可持续发展科技系统担负着把科技内化为区域经济发展的自变量,促进区域产业结构的调整与现代化,从而保证区域经济与社会的可持续发展的任务②。树立科技可持续发展的理念,内在要求省域科技资源配置主体要具备以下理念。

首先,要树立"科技服务民生"理念。改革开放以来我国科学技术事业突飞猛进,科技水平不断提高,得到世界各国的公认。然而普通的民众在日常生活中对我国科技经济的发展状况却没有很深的感受和体会。住房、交通、教育等费用快速上升,生活成本不断提高,环境污染日益加重,问题牛奶、地沟油引发的食品安全问题,注射液质量不合格引发的药品安全问题,矿难、油罐爆炸等安全生产事故,动车交通事故,大都市的城市雾霾和交通拥堵,产业转移中对欠发达地区环境的污染等等,让广大群众没有在成倍增长的科技投入和科技产出中充分享受到科技带来的好处。科技的根本作用是促进经济社会发展,终极目的就是为了增进人类社会的福祉。中央政府多次强调科技创新要服务社会、服务民生,要求各级领导要体察民意,关注民生,改进工作方法,关心群众生活,政府科技管理部门也已出台了多项发展民生科技的意见和措施,但现实中科技创新服务社会、服务民生这一基本要求却并未受到应有的重视。

2011年12月16日,胡锦涛总书记在"庆祝天宫一号与神舟八号交会对接任务圆满成功大会"上发表的重要讲话中指出,"坚持以人为本、改善民生,是我国科技

① 孙小礼.科学技术与世纪之交的中国[M].北京:人民出版社,1997.

② 袁望冬.科技创新与社会发展[M].长沙:湖南大学出版社,2007.

事业发展的根本出发点和落脚点”。要“认真解决关系民生的重大科技问题,使科技创新成果惠及广大人民群众”。这是胡锦涛总书记对科技工作者、科技管理者提出的基本要求,也是用以指导我国科技创新活动服务社会、服务民生,实现我国全面建设小康社会的宏伟目标的根本原则。为此,要坚持民生科技优先。民生科技是指与民生问题最直接相关的科学技术,即与人民最关心、最直接、最现实的利益问题相关的科学技术①,既包括直接民用化的科学技术,也包括军用科技民用化的科学技术。民生科技意味着运用科技进步来支持民生目标的实现,代表了一种全新的价值观,是全新的科学发展道路。坚持民生科技优先,将涉及民生改善的科学技术,包括提高健康水平、促进公共安全、提升环境质量、提高防灾减灾能力等民生科技,置于科技发展的首位。一方面,需要将民生科技创新纳入省域科技创新的范畴里面,引进优秀人才,让更多的科研工作者关注民生科技的问题研究;另一方面,需要加大资金的投入,创建民生科技服务平台,让创新成果惠及民生,满足社会的需求。

其次,要树立“价值理性与工具理性相统一”的理念。价值理性是人们对于自身实践活动价值与意义的自觉把握,包含了人类社会伦理的、政治的以及其他多方面的需要;价值理性崇尚道德理想,强调终极关怀,主张通过美的、善的手段来探求真理,发展科学,促进人与人、人与自然、人与社会的全面、自由、和谐发展,因而是一种“非自我利益的理性”②。工具理性是指“通过对外界事物的情况和其他人的举止的期待,并利用这种期待作为‘条件’或者‘手段’,以期实现自己合乎理性所争取和考虑的作为成果的目的”③。即人们基于功利目的驱使而创造工具、选择工具以及使用工具的经验和能力。省域科技资源配置作为人类活动,存在着价值理性与工具理性之分。民生科技成果的开发和推广使用旨在解决“学有所教、劳有所得、病有所医、老有所养、住有所居”等民生问题。这种公益性的、不以营利为目的科技活动,体现了很强的价值理性;而如何确保科技改变民生状况、如何使民生科技更具有适用性和有效性,则体现的是工具理性。工具理性是科技进步与发展的源泉,而价值理性则是民生改善、社会和谐与进步的保障;工具理性为价值理性的张扬提供现实基础,工具理性的不断深化为价值理性从自发状态走向自觉状态以至自由状态提供了可能。坚持价值理性与工具理性的统一,是确保“科技服务民生”理念得以落实、科技发展终极价值得以体现的根本途径。

再次,要树立“协同创新”理念。推动科技创新的主体主要是高校、科研院所、

① 周元,王海燕,曾国屏,等.中国应加强民生科技[J].中国科技论坛,2008(1):41-44.

② 彭国甫,张玉亮.追寻工具理性与价值理性的整合:地方政府公共事业管理绩效评估的发展方向[J].中国行政管理,2007(6):34-38.

③ 马克思·韦伯.经济与社会:上卷[M].北京:商务印书馆,1998.

企业等，但高校、科研院所与企业各处于不同的领域，自成体系，他们各自追求的目标和价值观念不同，且自身条件和能力有限，难以超越"自我利益"和"自我范围"，他们在合作结合点上脱节、分割现象严重，很难达到高层次的融合。优化科技资源配置、提升科技资源配置效率，必须在高层次上找到结合点，推进高校同科研机构、企业间的高层次、有深度的合作。2011 年 4 月 24 日胡锦涛总书记在庆祝清华大学建校 100 周年大会上的讲话中指出，要积极推动协同创新，通过体制机制创新和政策项目引导，鼓励高校同科研机构、企业开展深度合作，建立协同创新的战略联盟，促进资源共享，联合开展重大科研项目攻关，在关键领域取得实质性成果，努力为建设创新型国家作出积极贡献。胡锦涛所强调的积极推动协同创新，为高校同科研院所、企业科技合作、共同发展提出了新的要求，指出了明确的努力方向。协同创新是指企业、政府、知识生产机构（大学、研究机构）、中介机构和用户等为了实现重大科技创新而开展的大跨度整合的创新组织模式①。协同创新可促进企业、大学、研究机构发挥各自的能力优势、整合互补性资源，实现各方的优势互补，加速技术推广应用和产业化，协作开展产业技术创新和科技成果产业化活动，是当今科技创新的新范式。坚持"协同创新"理念，关键在于把握协同创新的四个特点，即整体协同、多元协同、开放协同、长期协同②。

整体协同强调的是打破部门各自为政的现状，在组织间、行业间、区域间和政策间达到协同，在行业布局、区域布局、不同类型高校布局上避免"差序格局"模式的资源配置，实现资金、技术、人才等要素的有效组合，使资金、技术、市场和政府作用达到最佳平衡。多元协同是指全方位开展高校与高校协同、高校与科研机构协同、高校与行业企业协同、高校与区域协同、国际间的协同等，要更加强调学科群与产业链、产业群的协同，改变以往"各立门户""单打独斗"的局面，最大化地实现集成创新，产生协同倍增效应。开放协同是强调创新建立在相互信任、相互开放、相互了解的基础上，能有效克服市场反馈的滞后和信息不对称，使信息的传递、交流更加及时有效；以保障创新相关者能在第一时间共同分享到新的难题和新的发现，实现创新要素在空间布局上的整体优化，把资源合理、快速地配置和利用到创新活动中，用最新的知识、技术和文化引领社会经济的发展。长期协同是指创新是一个连续不断的长期过程，重大的创新都会引起创新群和一系列连续的创新，需要构建协同创新的长效机制，强化持续创新能力，形成一个强大的持续创新系统，以克服长期以来因体制机制和相互信任等多种因素，协作的临时性、应急性、追求短平快等问题。

---

① 陈劲，阳银娟. 协同创新的理论基础与内涵[J]. 科学学研究，2012(2)：161－164.

② 赵德武. 推动协同创新：为建设创新型国家提速增效[J]. 中国高校科技，2012(3)：7－9.

二、增强科技人员的创新意识，培养科技人员的学习力

J. E. Jankowski① 基于企业创新意识的研究视角，在对 1988—1998 年十年间美国的科技服务性公司的研发活动进行大量的抽样研究中，发现科技服务性公司的研发投入主要取决于公司是否充分认识到研发对于其自身发展的重要意义，样本企业中重视研发的企业其创新意识和研发投入都有显著的提高。要培养科研人员追求真理、勇攀高峰、宽容失败、团结协作的创新精神，以及潜心钻研、扎实勤勉的治学精神，使创新理念深深根植于每个科技人员的心中，激发广大科研人员的创新积极性，使其衷于创新，敢于创新；要培养科研人员具备学习的动力、毅力和能力，能在未来的科技竞争中始终保持知识和技术的优势。

本 章 小 结

本章结合第五章实证研究的结论，从科技资源配置强度、科技资源配置结构、科技资源配置环境、科技资源可持续发展四个方面，分析如何提升省域科技资源配置效率。

(1) 省域科技资源配置强度方面。要正确处理科技发展与经济发展的关系，确保科技资源的投入、科技财政拨款占财政支出的比例和经费占 GDP 的比例，随着 GDP 总量的增长及其增长率的提高、经济发展状况的改善而不断提高；要保障政府科技投入稳定增长、继续加大企业 R&D 经费投入力度；要健全科技资源风险投资机制，进一步完善 R&D 活动人员培养机制。

(2) 省域科技资源配置结构方面。要构建以企业为主体的科技资源创新体系、正确处理基础研究、应用研究与实验发展的关系。高校、科研院所要与企业共建协同创新体系，一是构建有效的组织协同体系，要注重组织的结构协同和过程协同，要根据协同各方参与合作的资源、合作的时间长度、合作关系的正式程度等确定结构和过程协同的具体形式；要成立协同创新委员会等专门机构管理协同过程，以组织和协调知识在不同的个体和组织领域中的跨界流动；二是要构建有效的协同服务体系，把中介机构、金融机构、政府部门等纳入协同创新体系中，为协同创新

---

① Jankowski J E. R&D: foundation for innovation[J]. Research Technology Management, 1998, 41(2):14 - 20.

主体提供各种服务；三是要构建有效的竞争协同机制，包括协同动力机制、信息沟通机制、创新合作机制、利益分配机制和风险控制机制 5 个子机制。

（3）省域科技资源配置环境方面。一是完善科技成果转化的政策环境，包括健全科技成果转化的激励机制、明确科技成果转化的产权保护问题、完善科技成果转化的中介服务体系。二是健全以市场为基础的科技资源配置机制，要充分发挥市场在科技资源配置中的基础作用、要防范市场配置的风险、要准确定位政府在科技资源配置中的职能。三是构建省域科技资源共享机制。四是要营造良好的科研氛围。

（4）省域科技资源可持续发展方面。一是树立省域科技资源可持续发展理念，包括科技服务民生理念、价值理性与工具理性相统一的理念、协同创新的理念。二是要增强科技人员的创新意识，培养科技人员的学习力。

结　　语

本书综合运用系统论、资源配置、平衡计分卡等理论，采用理论研究与实证研究、定性分析与定量分析相结合的方法，对省域科技资源配置效率的指标体系、评价模型、实证分析、提升策略等做了比较系统的研究和探讨，达到了课题规划的预期目标，但还存在诸多不足，有待于进一步研究。

一、研究结论

1. 对省域科技资源配置效率的内涵进行了重新认识

本书认为科技资源配置效率，是指在省域范围内为促进经济社会可持续发展及科技与经济社会发展的良性互动，科技资源管理主体按照一定的方式方法将科技人力资源、科技财力资源、科技物力资源、科技信息资源等科技资源各要素按适当的组合分配到特定对象和各种不同发展方向上的有效性，以及由此所获得的各种配置结果的效益性，即科技资源配置效率是科技资源配置过程的有效性与配置结果的效益性的综合。包含三层含义：总体效率、技术效率和规模效率。省域科技资源配置的总体效率是指在省域范围内，科技资源管理主体对科技人力资源、科技财力资源、科技物力资源、科技信息资源等科技资源各要素的投入力度、对科技资源配置结构进行定位的有效程度，以及将科技资源分配到特定对象和各种不同发展方向上所产生的直接效益与间接效益；总体效率反映科技资源配置强度、配置结构及配置效果的总体情况，是对科技资源配置过程及结果的描述与刻画，是对省域科技资源配置效率的总体衡量。省域科技资源配置的技术效率是指在既定的科技资源投入情况下，科技资源产出水平是否达到了最大，或者说能否用更少的科技资源投入而获得不少于现有的科技资源产出，及用现有的科技资源投入能否获得更多的科技资源产出，也就是在一个省域内运用何种方式使得可支配的科技资源发挥的作用最大化，用既定的科技资源要素最大化地生产科技资源产出。省域科技资源配置的规模效率是指在当前科技资源投入的基础上增加一定科技资源投入量，科技资源产出量是否有更高比例的增加。若在当前科技资源投入的基础上增加一定科技资源投入量，科技资源产出量有更高比例的增加，则为规模效率递增；

反之,科技资源产出量的比例在减少,则为规模效率递减。

2. 利用BSC的研究思路,从科技资源配置强度、科技资源配置结构、科技资源配置效果三个维度,设计了由7个一级指标、26个二级指标构成的科技资源配置效率评价体系,比现有的评价指标更系统、更科学

(1) 科技资源配置强度维度。该维度源于BSC基本框架中的财务指标。科技资源配置强度维度是描述省域科技资源配置效果的重要标准,并在省域科技资源配置效率评价的BSC模型中居于重要位置。该维度能清楚地反映社会各界投入了多少科技资源,为实现某一目标而进行的行为最终消耗了多少科技资源,为准确反映省域科技资源的各种产出奠定基础。该维度包括2个一级指标、7个二级指标。

(2) 科技资源配置结构维度。该维度源于BSC基本框架中的流程指标和学习与成长指标。企业财务业绩的提升、顾客需求的满足,以及股东价值的追求,都需要靠其内部良好的经营和流程来支撑。如新产品开发所用的时间、新产品销售额在总销售额中所占的比率、比竞争对手率先推出新产品的比例等。与一般企业的内部管理过程不同,省域科技资源配置的内部管理主要表现在科技资源在各领域和主要环节的分配比例,即科技资源配置结构,比如重要科技项目的科技经费占总经费的比例、人均科研经费支出、R&D投入占GDP的比例等,科技资源配置结构在科技资源管理中居于重要地位,科技资源配置结构是否合理,直接反映出科技资源配置的内部管理是否有效,其对科技资源配置产生深远而广泛的影响。该维度包括2个一级指标、6个二级指标。

(3) 科技资源配置效果。该维度源于BSC基本框架中的顾客指标。省域科技资源配置的效果能否得到社会的认可,关键在于两方面。一是能否实现科技资源的各种产出的最大化,二是能否把科技成果及时转化为现实的生产力,把科技优势转化为经济优势。科技成果转化,是将具有创新性的科技成果从科研单位转移到生产部门,使新产品增加,工艺改进,效益提高,并最终促进经济社会的进步与发展。它是科技与经济结合的中间环节,也是省域科技资源配置取得实效的关键环节。该维度包括3个一级指标、12个二级指标。

3. 对中部六省科技资源配置效率进行了实证分析

在已构建的指标体系的基础上,运用层次分析法确定了效率评价指标权重。然后运用模糊综合评价方法、三阶段DEA模型对中部六省的科技资源配置效率水平进行评价和分析。模糊综合评价方法针对省域科技资源配置效率评价部分指标不可量化和很难量化的情况,在综合考虑多种因素的作用下,运用模糊数学工具对科技资源配置效率的性质或状态作出综合评判。DEA模型则利用不同评价样本同时具有投入和产出的多个数量指标的特性,比较不同省域科技资源配置效率水

平。不同的模型各有其不同的优势和特点，通过比较两种模型的评价结果，发现两者具有较好的一致性。

4. 运用结构方程模型对影响省域科技资源配置效率的关键因素进行分析

运用结构方程模型设计省域科技资源配置效率的影响因素的概念模型及调查问卷，对科技资源活动的相关人员进行调查，对调查结果进行数据分析、参数验证，通过判断各潜变量与显变量之间的内在关系，对影响省域科技资源配置效率的关键因素进行了分析。认为本书所选取的配置环境、配置强度、配置结构和持续发展能力对科技资源配置效果的两个指标——科技直接产出和科技间接产出，均有显著影响。其中，科技资源配置强度对科技资源配置效率的影响最大，科技资源配置强度是提升科技资源配置效率的关键因素，科技资源投入体系是否完善、科技资源支持力度是否适当，直接影响科技资源配置效率的高低；科技资源配置结构对科技资源配置效率的影响较为显著，且企业科技人员与科技经费对科技资源配置结构的影响均较大；科技配置环境对科技资源配置效率的影响显著；持续发展能力对科技资源配置效率具有一定的影响。

5. 在实证研究的基础上，从科技资源配置强度、科技资源配置结构、科技资源配置环境、科技资源可持续发展四个方面，分析提升省域科技资源配置效率的策略

(1) 省域科技资源配置强度方面。要正确处理科技发展与经济发展的关系，要保障政府科技投入稳定增长、继续加大企业 R&D 经费投入力度；要健全科技资源风险投资机制；进一步完善 R&D 活动人员培养机制。

(2) 省域科技资源配置结构方面。要构建以企业为主体的科技资源创新体系、正确处理基础研究、应用研究与实验发展的关系；高校、科研院所要与企业共建协同创新体系。

(3) 省域科技资源配置环境方面。要完善科技成果转化的政策环境，包括健全科技成果转化的激励机制、明确科技成果转化的产权保护问题、完善科技成果转化的中介服务体系。要健全以市场为基础的科技资源配置机制，要充分发挥市场在科技资源配置中的基础作用，要防范市场配置的风险，要准确定位政府在科技资源配置中的职能，要构建省域科技资源共享机制，要营造良好的科研氛围。

(4) 省域科技资源可持续发展方面。一是树立省域科技资源可持续发展理念，包括科技服务民生理念、价值理性与工具理性相统一的理念、协同创新的理念。二是要增强科技人员的创新意识，培养科技人员的学习力。

二、研究展望

关于科技资源配置效率的评价及其提升策略的研究是本书的两大核心内容，

其中效率是贯穿全书的主线。但是这种效率评价仅仅是对科技资源配置结果的一个基础性描述与刻画,如何实现在效率基础上的能力提升,即进行以效率为基础的能力建设,对促进一个国家科技实力、竞争力的提升将具有十分重要的现实意义。因而,进行建立在效率基础上的能力评价,找出影响能力提升的关键要素,以更好地实现科技对经济、社会发展的巨大推动作用,将是未来的研究方向。

省域科技资源效率评价的最终目的在于诊断省域科技资源管理中存在的问题,为优化省域科技资源管理体制提供分析工具。在本书研究的过程中,由于省域科技资源管理体制方面的指标数据不如其他方面指标数据那样精确和统一,有不少数据难以采集,因此,难以用数据和模型来深刻揭示省域科技资源配置效率与省域科技资源管理体制之间的相关性,难以明晰透视不同效率水平与管理体制属性之间的相互关系。

此外,本书在实证研究的基础上,研究关于提升科技资源配置效率时,主要从整体的视角进行了分析,而未基于不同省域视角展开深入细致的分析。因而,提出具有省域特征的有利于科技资源配置效率提升的对策建议也将是下一步的研究方向。

附录Ⅰ　中部六省相关数据统计表

表 A.1　中部六省科技资源配置效率评价指标数据统计表(2007—2008 年)

		安徽	湖北	湖南	河南	山西	江西
每万人中从事科技活动人员数(人)	C_{111}	18.3	30.4	21.5	20.5	37.7	16.6
每万人中的科学家工程师人数(人)	C_{112}	12.1	21.9	14.6	13.0	22.7	10.5
每万人中从事 R&D 活动人员(人年)	C_{113}	5.8	11.8	7.1	6.9	10.9	6.2
R&D 经费支出占 GDP 的比重(%)	C_{121}	0.99	1.21	0.80	0.67	0.86	0.89
地方财政科技拨款占地方财政支出的比重(%)	C_{122}	1.28	1.47	1.51	1.35	1.50	0.97
大中型企业 R&D 经费占销售收入的比重(%)	C_{123}	0.8	0.8	1.0	0.6	0.6	1.1
人均研究与开发经费(万元)	C_{124}	0.011 9	0.019 5	0.011 6	0.010 8	0.014 5	0.011 2
科学家与工程师占科技活动人员的比重(%)	C_{211}	0.66	0.72	0.68	0.64	0.60	0.63
R&D 人员全时当量的科学家与工程师所占比重(%)	C_{212}	0.82	0.86	0.80	0.75	0.77	0.80
科技活动人员企业比重(%)	C_{213}	0.59	0.42	0.45	0.63	0.63	0.53
国有企事业单位专业技术人员数(人)	C_{214}	804 028	924 989	1 005 534	1 388 057	817 572	703 924
科技活动经费企业比重(%)	C_{221}	0.73	0.47	0.54	0.71	0.80	0.72

续表

		安徽	湖北	湖南	河南	山西	江西
R&D经费内部支出占科技活动经费内部支出的比重(%)	C_{222}	0.37	0.51	0.50	0.46	0.31	0.61
国外主要检索工具收录科技论文比率(%)	C_{311}	0.35	0.38	0.32	0.18	0.27	0.22
每千名科技人员发表的国际国内科技论文数(篇)	C_{312}	124.12	209.85	190.85	117.75	64.61	100.62
每千名科技人员发表的被国外主要检索工具收录论文数(篇)	C_{313}	43.27	79.64	60.70	21.22	17.65	21.95
每百万人专利申请量(项)	C_{314}	170.1	370.5	204.8	192.5	157.9	85.1
每百万人专利授权量(项)	C_{315}	8	20.2	17.5	6.7	12.3	5.0
技术市场成交额(亿元)	C_{321}	32.5	62.9	47.8	25.4	12.8	7.8
技术市场成交额占本地 GDP 的比重(%)	C_{322}	0.367	0.555	0.414	0.141	0.175	0.112
大中型工业企业新产品销售收入占总销售收入比重(%)	C_{323}	12.7	18.3	19.8	9.0	7.6	13.7
大中型工业企业新产品产值率(%)	C_{324}	10.1	13.6	14.2	4.1	6.8	7.3
万元 GDP 综合能耗(吨标准煤)	C_{331}	1.075	1.314	1.225	1.219	2.554	0.928
万元 GDP 工业废水排放量(万吨)	C_{332}	7.57	8.27	7.99	7.39	5.63	9.85
万元 GDP 工业废气排放量(亿标立方米)	C_{333}	1.78	1.02	0.80	1.12	3.17	1.07

注:(1) 国际国内科技论文数包括“国际论文”和“国内论文”,“国际论文”指 SCI、EI 和 ISTP 三个检索系统收录的我国科技人员发表的论文数之和;“国内论文”指中国科技信息技术研究所研制的中国科技论文与引文数据库(CSTPCD)收录的论文,数据来源于《2008 年中国科技论文统计结果》。

(2) 国外主要检索工具收录科技论文数是指 SCI、EI 和 ISTP 三个检索系统收录的我国科技人员发表的论文数,数据来源于《2009 年中国科技统计年鉴》。

(3) 专利申请受理与授权的数口径为由我国专利机构受理与授权的专利,不包括我国在国外申请专利及被授权的数据。

表 A.2 中部六省科技资源配置效率评价指标数据统计表(2006—2007 年)

		安徽	湖北	湖南	河南	山西	江西
每万人中从事科技活动人员数(人)	C_{111}	15.7	29.9	20.5	18.8	36.1	16.4
每万人中的科学家工程师人数(人)	C_{112}	10.3	21.4	13.9	11.6	21.0	10.1
每万人中从事 R&D 活动人员(人年)	C_{113}	4.9	10.9	6.3	6.4	11.5	5.9
R&D 经费支出占 GDP 的比重(%)	C_{121}	0.96	1.25	0.71	0.64	0.76	0.81
地方财政科技拨款占地方财政支出的比重(%)	C_{122}	0.55	0.95	0.98	0.81	0.61	1.04
大中型企业 R&D 经费占销售收入的比重(%)	C_{123}	0.8	0.8	0.8	0.6	0.5	1.1
人均研究与开发经费(万元)	C_{124}	0.009 7	0.016 5	0.008 5	0.008 5	0.010 8	0.008 7
科学家与工程师占科技活动人的比重(%)	C_{211}	0.65	0.72	0.68	0.62	0.58	0.62
R&D 人员全时当量的科学家与工程师所占比重(%)	C_{212}	0.80	0.88	0.85	0.78	0.69	0.78
科技活动人员企业比重(%)	C_{213}	0.52	0.41	0.45	0.61	0.63	0.51
国有企事业单位专业技术人员数(人)	C_{214}	803 696	948 599	1 013 764	1 382 416	805 325	691 727
科技活动经费企业比重(%)	C_{221}	0.67	0.46	0.49	0.69	0.80	0.71
R&D 经费内部支出占科技活动经费内部支出的比重(%)	C_{222}	0.37	0.52	0.43	0.45	0.30	0.61
国外主要检索工具收录科技论文比率(%)	C_{311}	0.33	0.31	0.28	0.13	0.19	0.17
每千名科技人员发表的国际国内科技论文数(篇)	C_{312}	156.03	224.06	197.57	108.67	58.26	95.36

续表

		安徽	湖北	湖南	河南	山西	江西
每千名科技人员发表的被国外主要检索工具收录论文数(篇)	C_{313}	51.64	69.33	54.61	14.41	11.12	16.21
每百万人专利申请量(项)	C_{314}	99.2	304.9	176.8	159.4	98.2	81.2
每百万人专利授权量(项)	C_{315}	55.8	116.1	89.5	74.8	58.7	47.4
技术市场成交额(亿元)	C_{321}	26.5	52.5	46.1	26.5	8.6	10.0
技术市场成交额占本地 GDP 的比重(%)	C_{322}	0.36	0.57	0.50	0.18	0.15	0.18
大中型工业企业新产品销售收入占总销售收入比重(%)	C_{323}	12.8	16.4	18.5	9.3	8.0	14.5
大中型工业企业新产品产值率(%)	C_{324}	14.7	16.7	18.8	9.1	8.5	15.4
万元 GDP 综合能耗(吨标准煤)	C_{331}	1.126	1.403	1.313	1.285	2.757	0.982
万元 GDP 工业废水排放量(万吨)	C_{332}	9.99	9.86	10.88	8.95	7.18	12.98
万元 GDP 工业废气排放量(亿标立方米)	C_{333}	5.55	8.77	11.43	7.11	1.92	11.70

注:(1) 国际国内科技论文数包括“国际论文”和“国内论文”,“国际论文”指 SCI、EI 和 ISTP 三个检索系统收录的我国科技人员发表的论文数之和;“国内论文”指中国科技信息技术研究所研制的中国科技论文与引文数据库(CSTPCD)收录的论文,数据来源于《2007 年中国科技论文统计结果》。

(2) 国外主要检索工具收录科技论文数是指 SCI、EI 和 ISTP 三个检索系统收录的我国科技人员发表的论文数,数据来源于《2008 年中国科技统计年鉴》。

(3) 专利申请受理与授权的数口径为由我国专利机构受理与授权的专利,不包括我国在国外申请专利及被授权的数据。

表 A.3 中部六省科技资源配置效率评价指标数据统计表(2005—2006 年)

		安徽	湖北	湖南	河南	山西	江西
每万人中从事科技活动人员数(人)	C_{111}	14.79	21.26	25.20	16.78	32.37	15.59

续表

		安徽	湖北	湖南	河南	山西	江西
每万人中的科学家工程师人数(人)	C_{112}	9.58	14.03	17.97	10.18	18.69	9.00
每万人中从事R&D活动人员(人年)	C_{113}	4.64	10.72	6.01	5.46	8.18	5.12
R&D经费支出占GDP的比重(%)	C_{121}	0.85	1.15	0.68	0.52	0.63	0.70
地方财政科技拨款占地方财政支出的比重(%)	C_{122}	0.53	1.02	0.93	0.83	0.34	0.45
大中型企业R&D经费占销售收入的比重(%)	C_{123}	0.7	0.7	0.7	0.6	0.4	1.0
人均研究与开发经费(万元)	C_{124}	0.007 5	0.013 1	0.007 0	0.005 9	0.007 8	0.006 6
科学家与工程师占科技活动人的比重(%)	C_{211}	0.65	0.66	0.71	0.61	0.58	0.58
R&D人员全时当量的科学家与工程师所占比重(%)	C_{212}	0.82	0.84	0.85	0.76	0.81	0.76
科技活动人员企业比重(%)	C_{213}	0.49	0.50	0.31	0.56	0.62	0.51
国有企事业单位专业技术人员数(人)	C_{214}	81.43	96.74	103.49	134.31	79.33	68.89
科技活动经费企业比重(%)	C_{221}	0.67	0.48	0.44	0.63	0.72	0.66
R&D经费内部支出占科技活动经费内部支出的比重(%)	C_{222}	0.36	0.49	0.43	0.44	0.34	0.59
国外主要检索工具收录科技论文比率(%)	C_{311}	0.33	0.31	0.28	0.13	0.19	0.17
每千名科技人员发表的国际国内科技论文数(篇)	C_{312}	168.54	186.72	173.40	83.57	60.18	72.52
每千名科技人员发表的被国外主要检索工具收录论文数(篇)	C_{313}	55.78	57.78	47.93	11.08	11.48	12.32

续表

		安徽	湖北	湖南	河南	山西	江西
每百万人专利申请量(项)	C_{314}	76.6	256.0	161.6	122.8	83.7	73.1
每百万人专利授权量(项)	C_{315}	36.6	83.2	88.4	55.8	42.1	35.4
技术市场成交额(亿元)	C_{321}	18.5	44.4	45.5	23.7	5.9	9.3
技术市场成交额占本地 GDP 的比重(%)	C_{322}	0.30	0.59	0.60	0.19	0.12	0.20
大中型工业企业新产品销售收入占总销售收入比重(%)	C_{323}	12.2	10.2	16.4	9.8	8.5	15.4
大中型工业企业新产品产值率(%)	C_{324}	11.8	11.0	16.5	10.6	8.6	15.9
万元 GDP 综合能耗(吨标准煤)	C_{331}	1.171	1.462	1.352	1.340	2.888	1.023
万元 GDP 工业废水排放量(万吨)	C_{332}	8.08	1.49	1.15	1.49	0.85	0.96
万元 GDP 工业废气排放量(亿标立方米)	C_{333}	1.41	8.05	11.53	6.99	10.90	14.35

注:(1) 国际国内科技论文数包括“国际论文”和“国内论文”,“国际论文”指 SCI、EI 和 ISTP 三个检索系统收录的我国科技人员发表的论文数之和;“国内论文”指中国科技信息技术研究所研制的中国科技论文与引文数据库(CSTPCD)收录的论文,数据来源于《2006 年中国科技论文统计结果》。

(2) 国外主要检索工具收录科技论文数是指 SCI、EI 和 ISTP 三个检索系统收录的我国科技人员发表的论文数,数据来源于《2007 年中国科技统计年鉴》。

(3) 专利申请受理与授权的数口径为由我国专利机构受理与授权的专利,不包括我国在国外申请专利及被授权的数据。

表 A.4　中部六省科技资源配置效率评价指标数据统计表(2004—2005 年)

		安徽	湖北	湖南	河南	山西	江西
每万人中从事科技活动人员数(人)	C_{111}	13.31	24.88	15.66	14.85	27.83	15.17
每万人中的科学家工程师人数(人)	C_{112}	8.11	17.12	9.79	8.54	15.77	8.33

续表

		安徽	湖北	湖南	河南	山西	江西
每万人中从事 R&D 活动人员(人年)	C_{113}	3.73	8.36	4.68	4.34	5.55	4.49
R&D 经费支出占 GDP 的比重(%)	C_{121}	0.79	0.90	0.66	0.48	0.77	0.62
地方财政科技拨款占地方财政支出的比重(%)	C_{122}	0.50	0.93	0.90	0.78	0.82	0.50
大中型企业 R&D 经费占销售收入的比重(%)	C_{123}	0.7	0.6	0.7	0.5	0.5	0.9
人均研究与开发经费(万元)	C_{124}	0.005 9	0.009 4	0.005 5	0.004 4	0.007 0	0.005 0
科学家与工程师占科技活动人的比重(%)	C_{211}	0.61	0.69	0.63	0.58	0.57	0.55
R&D 人员全时当量的科学家与工程师所占比重(%)	C_{212}	0.78	0.80	0.83	0.77	0.82	0.76
科技活动人员企业比重(%)	C_{213}	0.48	0.36	0.41	0.54	0.62	0.51
国有企事业单位专业技术人员数(人)	C_{214}	81.38	93.23	108.67	136.41	77.17	68.36
科技活动经费企业比重(%)	C_{221}	0.64	0.47	0.46	0.62	0.68	0.59
R&D 经费内部支出占科技活动经费内部支出的比重(%)	C_{222}	0.37	0.46	0.41	0.37	0.37	0.55
国外主要检索工具收录科技论文比率(%)	C_{311}	0.36	0.29	0.25	0.10	0.30	0.13
每千名科技人员发表的国际国内科技论文数(篇)	C_{312}	141.55	257.42	112.63	94.16	56.58	65.34
每千名科技人员发表的被国外主要检索工具收录论文数(篇)	C_{313}	51.26	74.70	27.92	9.58	17.13	8.53
每百万人专利申请量(项)	C_{314}	57.45	202.00	138.52	95.75	59.17	65.30
每百万人专利授权量(项)	C_{315}	31.68	67.60	57.84	39.96	36.36	31.57

续表

		安徽	湖北	湖南	河南	山西	江西
技术市场成交额(亿元)	C_{321}	14.26	50.18	41.74	26.37	7.80	11.12
技术市场成交额占本地 GDP 的比重(%)	C_{322}	0.27	0.77	0.64	0.25	0.19	0.27
大中型工业企业新产品销售收入占总销售收入比重(%)	C_{323}	12.2	13.3	17.1	9.2	7.4	12.4
大中型工业企业新产品产值率(%)	C_{324}	13.1	14.6	17.6	9.7	5.7	12.8
万元 GDP 综合能耗(吨标准煤)	C_{331}	1.21	1.51	1.40	1.38	2.95	1.06
万元 GDP 工业废水排放量(万吨)	C_{332}	11.81	14.18	18.80	11.66	7.68	13.30
万元 GDP 工业废气排放量(亿标立方米)	C_{333}	1.29	1.44	0.92	1.46	3.62	1.08

注:(1) 国际国内科技论文数包括"国际论文"和"国内论文","国际论文"指 SCI、EI 和 ISTP 三个检索系统收录的我国科技人员发表的论文数之和;"国内论文"指中国科技信息技术研究所研制的中国科技论文与引文数据库(CSTPCD)收录的论文,数据来源于《2005 年中国科技论文统计结果》。

(2) 国外主要检索工具收录科技论文数是指 SCI、EI 和 ISTP 三个检索系统收录的我国科技人员发表的论文数,数据来源于《2006 年中国科技统计年鉴》。

(3) 专利申请受理与授权的数口径为由我国专利机构受理与授权的专利,不包括我国在国外申请专利及被授权的数据。

表 A.5　中部六省科技资源配置效率评价指标数据统计表(2003—2004 年)

		安徽	湖北	湖南	河南	山西	江西
每万人中从事科技活动人员数(人)	C_{111}	13.42	32.11	14.56	15.14	23.72	15.14
每万人中的科学家工程师人数(人)	C_{112}	8.85	23.89	10.21	9.68	16.63	8.70
每万人中从事 R&D 活动人员(人年)	C_{113}	3.92	8.65	4.05	4.21	5.58	4.00

续表

		安徽	湖北	湖南	河南	山西	江西
R&D经费支出占GDP的比重(%)	C_{121}	0.82	1.01	0.65	0.49	0.64	0.60
地方财政科技拨款占地方财政支出的比重(%)	C_{122}	0.53	1.14	0.86	0.80	0.72	0.45
大中型企业R&D经费占销售收入的比重(%)	C_{123}	2.4	1.7	1.9	1.1	1.3	1.9
人均研究与开发经费(万元)	C_{124}	0.005 1	0.009 1	0.004 5	0.003 5	0.004 8	0.004 0
科学家与工程师占科技活动人的比重(%)	C_{211}	0.66	0.74	0.70	0.64	0.70	0.57
R&D人员全时当量的科学家与工程师所占比重(%)	C_{212}	0.77	0.81	0.81	0.75	0.79	0.71
科技活动人员企业比重(%)	C_{213}	0.47	0.32	0.43	0.51	0.52	0.51
国有企事业单位专业技术人员数(人)	C_{214}	82.06	102.66	106.19	139.54	75.48	66.76
科技活动经费企业比重(%)	C_{221}	0.57	0.43	0.43	0.52	0.56	0.62
R&D经费内部支出占科技活动经费内部支出的比重(%)	C_{222}	0.39	0.51	0.42	0.46	0.35	0.52
国外主要检索工具收录科技论文比率(%)	C_{311}	0.31	0.26	0.19	0.08	0.30	0.13
每千名科技人员发表的国际国内科技论文数(篇)	C_{312}	119.10	132.30	140.63	78.55	31.65	27.23
每千名科技人员发表的被国外主要检索工具收录论文数(篇)	C_{313}	37.07	34.66	27.06	6.44	9.58	3.55
每百万人专利申请量(项)	C_{314}	45.55	132.31	114.86	65.02	58.44	62.68
每百万人专利授权量(项)	C_{315}	24.87	54.52	48.98	34.15	35.65	27.29
技术市场成交额(亿元)	C_{321}	9.07	46.17	40.83	20.32	6.0	9.37

续表

		安徽	湖北	湖南	河南	山西	江西
技术市场成交额占本地 GDP 的比重(%)	C_{322}	0.19	0.73	0.73	0.23	0.20	0.27
大中型工业企业新产品销售收入占总销售收入比重(%)	C_{323}	13.8	12.4	18.3	8.6	6.3	11.2
大中型工业企业新产品产值率(%)	C_{324}	14.7	13.9	19.2	9.0	7.3	12.3
万元 GDP 综合能耗(吨标准煤)	C_{331}	1.25	1.55	1.47	1.48	3.30	1.09
万元 GDP 工业废水排放量(万吨)	C_{332}	13.31	15.44	21.94	13.31	10.32	15.72
万元 GDP 工业废气排放量(亿标立方米)	C_{333}	1.23	1.40	0.98	1.49	4.39	1.14

注:(1) 国际国内科技论文数包括"国际论文"和"国内论文","国际论文"指 SCI、EI 和 ISTP 三个检索系统收录的我国科技人员发表的论文数之和;"国内论文"指中国科技信息技术研究所研制的中国科技论文与引文数据库(CSTPCD)收录的论文,数据来源于《2004 年中国科技论文统计结果》。

(2) 国外主要检索工具收录科技论文数是指 SCI、EI 和 ISTP 三个检索系统收录的我国科技人员发表的论文数,数据来源于《2005 年中国科技统计年鉴》。

(3) 专利申请受理与授权的数口径为由我国专利机构受理与授权的专利,不包括我国在国外申请专利及被授权的数据。

表 A.6　中部六省科技资源配置效率评价指标数据统计表(2002—2003 年)

		安徽	湖北	湖南	河南	山西	江西
每万人中从事科技活动人员数(人)	C_{111}	13.92	31.87	15.66	14.90	23.04	13.29
每万人中的科学家工程师人数(人)	C_{112}	9.16	24.23	10.35	9.44	15.63	7.63
每万人中从事 R&D 活动人员(人年)	C_{113}	3.75	9.27	4.41	4.32	5.22	3.63
R&D 经费支出占 GDP 的比重(%)	C_{121}	0.72	0.96	0.60	0.48	0.71	0.48

续表

		安徽	湖北	湖南	河南	山西	江西
地方财政科技拨款占地方财政支出的比重(%)	C_{122}	0.53	1.14	0.86	0.80	0.72	0.45
大中型企业R&D经费占销售收入的比重(%)	C_{123}	2.4	1.7	1.9	1.1	1.3	1.9
人均研究与开发经费(万元)	C_{124}	0.004 1	0.008 0	0.004 0	0.003 0	0.004 4	0.002 8
科学家与工程师占科技活动人的比重(%)	C_{211}	0.66	0.76	0.66	0.63	0.68	0.57
R&D人员全时当量的科学家与工程师所占比重(%)	C_{212}	0.80	0.82	0.80	0.73	0.79	0.74
科技活动人员企业比重(%)	C_{213}	0.49	0.32	0.44	0.51	0.50	0.53
国有企事业单位专业技术人员数(人)	C_{214}	83.30	107.9	108.4	140.35	74.58	68.78
科技活动经费企业比重(%)	C_{221}	0.58	0.42	0.33	0.48	0.56	0.57
R&D经费内部支出占科技活动经费内部支出的比重(%)	C_{222}	0.39	0.49	0.40	0.45	0.35	0.52
国外主要检索工具收录科技论文比率(%)	C_{311}	0.24	0.21	0.18	0.06	0.30	0.13
每千名科技人员发表的国际国内科技论文数(篇)	C_{312}	98.83	108.55	129.54	66.73	43.24	21.18
每千名科技人员发表的被国外主要检索工具收录论文数(篇)	C_{313}	23.74	22.28	22.88	4.02	13.09	2.76
每百万人专利申请量(项)	C_{314}	41.75	110.55	90.86	54.42	52.60	57.22
每百万人专利授权量(项)	C_{315}	25.12	47.83	47.65	30.63	35.46	29.10
技术市场成交额(亿元)	C_{321}	8.80	41.25	36.93	19.27	3.23	8.33
技术市场成交额占本地GDP的比重(%)	C_{322}	0.22	0.76	0.80	0.27	0.13	0.29

续表

		安徽	湖北	湖南	河南	山西	江西
大中型工业企业新产品销售收入占总销售收入比重(%)	C_{323}	7.5	34.0	9.0	8.5	6.5	12.2
大中型工业企业新产品产值率(%)	C_{324}	9.3	15.2	12.4	8.4	7.1	12.4
万元 GDP 综合能耗(吨标准煤)	C_{331}	1.37	1.57	1.50	1.50	3.43	1.21
万元 GDP 工业废水排放量(万吨)	C_{332}	15.99	17.86	26.76	16.21	12.59	17.71
万元 GDP 工业废气排放量(亿标立方米)	C_{333}	1.36	1.24	0.99	1.70	5.23	1.13

注:(1) 国际国内科技论文数包括“国际论文”和“国内论文”,“国际论文”指 SCI、EI 和 ISTP 三个检索系统收录的我国科技人员发表的论文数之和;“国内论文”指中国科技信息技术研究所研制的中国科技论文与引文数据库(CSTPCD)收录的论文,数据来源于《2003 年中国科技论文统计结果》。

(2) 国外主要检索工具收录科技论文数是指 SCI、EI 和 ISTP 三个检索系统收录的我国科技人员发表的论文数,数据来源于《2004 年中国科技统计年鉴》。

(3) 专利申请受理与授权的数口径为由我国专利机构受理与授权的专利,不包括我国在国外申请专利及被授权的数据。

附录Ⅱ　相关调查问卷

问卷 B.1　专家调查咨询问卷

尊敬的________：

您好！我们正在进行一项"省域科技资源配置效率评价研究"课题的研究工作，为确保指标体系的科学性，特向您咨询我们初步设计的指标体系的合理性与可行性，并请您对各项指标的权重提出建议。谢谢您在百忙之中给我们提供宝贵意见。

以下是我们拟建立的指标体系：

总指标	准则层指标	次准则层指标	子准则层指标
省域科技资源配置效率指标 A	科技资源配置强度指标 A_1	科技人力资源配置强度指标 B_{11}	每万人中从事科技活动人员数 C_{111}
			每万人中的科学家工程师人数 C_{112}
			每万人中从事 R&D 活动人员 C_{113}
		科技财力资源配置强度指标 B_{12}	R&D 经费支出占 GDP 的比重 C_{121}
			地方财政科技拨款占地方财政支出的比重 C_{122}
			大中型企业 R&D 经费占销售收入的比重 C_{123}
			人均研究与开发经费 C_{124}
	科技资源配置结构指标 A_2	科技人力资源配置结构指标 B_{21}	科学家与工程师占科技活动人的比重 C_{211}
			R&D 人员全时当量的科学家与工程师所占比重 C_{212}
			科技活动人员企业比重 C_{213}
			国有企事业单位专业技术人员数 C_{214}
		科技财力资源配置结构指标 B_{22}	科技活动经费企业比重 C_{221}
			R&D 经费内部支出占科技活动经费内部支出的比重 C_{222}

续表

总指标	准则层指标	次准则层指标	子准则层指标
省域科技资源配置效率指标 A	科技资源配置效果指标 A_3	知识形态成果指标 B_{31}	国外主要检索工具收录科技论文比率 C_{311}
			每千名科技人员发表的国际国内科技论文数 C_{312}
			每千名科技人员发表的被国外主要检索工具收录论文数 C_{313}
			每百万人专利申请量 C_{314}
			每百万人专利授权量 C_{315}
		科技转化效果指标 B_{32}	技术市场成交额 C_{321}
			技术市场成交额占本地 GDP 的比例 C_{322}
			大中型工业企业新产品销售收入占总销售收入比重 C_{323}
			大中型工业企业新产品产值率 C_{324}
		经济结构优化效果指标 B_{33}	万元 GDP 综合能耗 C_{331}
			万元 GDP 工业废水排放量 C_{332}
			万元 GDP 工业废气排放量 C_{333}

我们决定用层次分析法(AHP)来确定各指标的权重。以下是我们构筑的两两比较判断矩阵,请您用 1～9 标度法填写各指标的相对重要性。

标　　度	含　　义
1	两指标相比,具有同等重要程度
3	两指标相比,一个指标比另一个指标稍微重要
5	两指标相比,一个指标比另一个指标明显重要
7	两指标相比,一个指标比另一个指标非常重要
9	两指标相比,一个指标比另一个指标极端重要
2,4,6,8	取上述两相邻判断的中值
上述数值的倒数	因素 i 与 j 比较得判断 b_{ij},则因素 j 与 i 比较得判断 $b_{ij}=1/b_{ij}$

示例(只作示范,不要受此干扰):

A	配置强度指标 A_1	配置结构指标 A_2	配置效果指标 A_3
配置强度指标 A_1	1	7	5
配置结构指标 A_2	1/7	1	3
配置效果指标 A_3	1/5	1/3	1

第一行中，7 表示配置强度指标比配置结构指标“非常重要”；5 表示配置强度指标比配置效果指标“明显重要”。第二行中，1/7 表示配置结构指标与配置强度指标相比，处于“非常不重要”的地位；3 表示配置结构指标比配置效果指标“稍微重要”。第三行中，1/5 表示配置效果指标与配置强度指标相比，处于“明显不重要”地位；1/3 表示配置效果指标与配置结构指标相比，处于“稍微不重要”的地位。对角线上的值均为 1，表示每个指标与自身相比，处于同等重要的地位。

1. 判断矩阵 $A—A_n$（配置规模指标 A_1、配置强度指标 A_2、配置效果指标 A_3 各子系统相对于省域科技资源配置效率总目标 A 的相对重要性）：

A	配置强度指标	配置结构指标	配置效果指标
配置强度指标	1		
配置结构指标	/	1	
配置效果指标	/	/	1

2. 判断矩阵 $A_1—B_{1n}$（科技人力资源配置规模指标 B_{11}、科技财力资源配置规模指标 B_{12} 相对于科技资源配置规模指标 A_1 的相对重要性）：

A_1	科技人力资源配置强度	科技财力资源配置强度
科技人力资源配置强度	1	
科技财力资源配置强度	/	1

3. 判断矩阵 $A_2—B_{2n}$（科技人力资源配置强度指标 B_{21}、科技财力资源配置强度指标 B_{22} 相对于科技资源配置强度指标 A_2 的相对重要性）：

A_2	科技人力资源配置结构	科技财力资源配置结构
科技人力资源配置结构	1	
科技财力资源配置结构	/	1

4. 判断矩阵 $A_3—B_{3n}$（知识形态成果指标 B_{31}、科技转化效果指标 B_{32}、经济结构优化效果指标 B_{33} 相对于科技资源配置效果指标 A_3 的相对重要性）：

A_3	知识形态成果	科技转化效果	经济结构优化效果
知识形态成果	1		
科技转化效果	/	1	
经济结构优化效果	/	/	1

5. 判断矩阵 B_{11}—C_{11n}（每万人中从事科技活动人员数 C_{111}、每万人中的科学家工程师人数 C_{112}、每万人中从事 $R\&D$ 活动人员 C_{113} 相对于科技人力资源配置规模指标 B_{11} 的相对重要性）：

$\boldsymbol{B_{11}}$	每万人中从事科技活动人员数 C_{111}	每万人中的科学家工程师人数 C_{112}	每万人中从事 R&D 活动人员 C_{113}
每万人中从事科技活动人员数 C_{111}	1		
每万人中的科学家工程师人数 C_{112}	/	1	
每万人中从事 R&D 活动人员 C_{113}	/	/	1

6. 判断矩阵 B_{12}—C_{12n}（即地方财政科技拨款占地方财政支出的比重 C_{122}、R&D 经费支出占 GDP 的比重 C_{121}、大中型企业 R&D 经费占销售收入的比重 C_{123}、人均研究与开发经费 C_{124} 相对于科技财力资源配置规模指标 B_{12} 的相对重要性）：

$\boldsymbol{B_{12}}$	地方财政科技拨款占地方财政支出的比重 C_{122}	R&D 经费支出占 GDP 的比重 C_{121}	大中型企业 R&D 经费占销售收入的比重 C_{123}	人均研究与开发经费 C_{124}
地方财政科技拨款占地方财政支出的比重 C_{122}	1			
R&D 经费支出占 GDP 的比重 C_{121}	/	1		
大中型企业 R&D 经费占销售收入的比重 C_{123}	/	/	1	
人均研究与开发经费 C_{124}				1

7. 判断矩阵 B_{21}—C_{21n}(科学家与工程师占科技活动人的比重 C_{211}、R&D 人员全时当量的科学家与工程师所占比重 C_{212}、科技活动人员企业比重 C_{213}、国有企事业单位专业技术人员数 C_{214} 相对于科技人力资源配置强度指标 B_{21} 的相对重要性)：

B_{21}	科学家与工程师占科技活动人的比重 C_{211}	R&D 人员全时当量的科学家与工程师所占比重 C_{212}	科技活动人员企业比重 C_{213}	国有企事业单位专业技术人员数 C_{214}
科学家与工程师占科技活动人的比重 C_{211}	1			
R&D 人员全时当量的科学家与工程师所占比重 C_{212}	/	1		
科技活动人员企业比重 C_{213}			1	
国有企事业单位专业技术人员数 C_{214}				1

8. 判断矩阵 B_{22}—C_{22n}(科技活动经费企业比重 C_{221}、R&D 经费内部支出占科技活动经费内部支出的比重 C_{222} 相对于科技财力资源配置强度指标 B_{22} 的相对重要性)：

B_{22}	科技活动经费企业比重 C_{221}	R&D 经费内部支出占科技活动经费内部支出的比重 C_{222}
科技活动经费企业比重 C_{221}	1	
R&D 经费内部支出占科技活动经费内部支出的比重 C_{222}	/	1

9. 判断矩阵 B_{31}—C_{31n}(国内科技论文总量 C_{311}、国际科技论文总量 C_{312}、每千名 R&D 人员发表的国内论文数 C_{313}、每千名 R&D 人员发表的国际论文数 C_{314}、

专利授权量 C_{315}、每十万人专利授权量 C_{316} 相对于知识形态成果指标 B_{31} 的相对重要性)：

B_{31}	国内科技论文总量	国际科技论文总量	每千名 R&D 人员发表的国内论文数	每千名 R&D 人员发表的国际论文数	专利授权量	每十万人专利授权量
国内科技论文总量	1					
国际科技论文总量	/	1				
每千名 R&D 人员发表的国内论文数	/	/	1			
每千名 R&D 人员发表的国际论文数	/	/	/	1		
专利授权量	/	/	/	/	1	
每十万人专利授权量	/	/	/	/	/	1

10. 判断矩阵 B_{32}—C_{32n}(技术市场成交额 C_{321}、技术市场成交额占本地 GDP 的比例 C_{322}、新产品产值率 C_{323}、高技术产品出口额 C_{324} 相对于科技转化效果指标 B_{32} 的相对重要性)：

B_{32}	技术市场成交额	技术市场成交额占本地 GDP 的比例	新产品产值率	高技术产品出口额
技术市场成交额	1			
技术市场成交额占本地 GDP 的比例	/	1		
新产品产值率	/	/	1	
高技术产品出口额	/	/	/	1

11. 判断矩阵 B_{33}—C_{33n}(万元 GDP 综合能耗 C_{331}、万元工业增加值综合能耗 C_{332}、万元 GDP 工业废水排放量 C_{333}、万元 GDP 工业废气排放量 C_{334} 相对于经济结构优化效果指标 B_{33} 的相对重要性)：

B_{33}	万元 GDP 综合能耗 C_{331}	万元工业增加值综合能耗 C_{332}	万元 GDP 工业废水排放量 C_{333}	万元 GDP 工业废气排放量 C_{334}
万元 GDP 综合能耗 C_{331}	1			
万元工业增加值综合能耗 C_{332}	/	1		
万元 GDP 工业废水排放量 C_{333}	/	/	1	
万元 GDP 工业废气排放量 C_{334}	/	/	/	1

问卷 B. 2 省域科技资源配置效率影响因素的调查问卷

尊敬的________：

您好！我们正在进行一项"省域科技资源配置效率影响因素研究"课题的研究工作，为确保影响因素设计的科学性及准确判断各变量之间的关系，特请您根据贵省科技资源配置的实际情况，对各变量的每个属性进行判断，并在属性后面所列出的七级评分量表中选择一项。谢谢您在百忙之中给我们提供的帮助。

配置环境管理(ξ_1)

科技资源配置机制(x_1)

请圈出贵省对下列配置方式的使用情况

	较低		相当			较高	
• 市场自由配置机制发挥基础作用	1	2	3	4	5	6	7
• 政府计划配置机制发挥宏观调控作用	1	2	3	4	5	6	7
• 市场与计划有效配合的程度	1	2	3	4	5	6	7
• 政府计划符合市场配置规律的程度	1	2	3	4	5	6	7

科技资源配置政策(x_2)

请圈出贵省对下列科技政策的重视程度

	不重视		重视			很重视	
• 科技政策反映市场的需求	1	2	3	4	5	6	7
• 科技政策结合本区域特点	1	2	3	4	5	6	7

· 激励科研人员的相关政策	1　2	3　4　5	6　7
· 有利于产学研结合的优惠政策	1　2	3　4　5	6　7

尊重科研的社会意识(x_3)

请圈出贵省对下列各项的重视程度

	不重视	重视	很重视
· 对科技人员的重视程度	1　2	3　4　5	6　7
· 对科技成果的重视程度	1　2	3　4　5	6　7
· 对科研活动的重视程度	1　2	3　4　5	6　7

省域科研合作氛围(x_4)

与中部其他省域比较合作氛围

	较低	相当	较高
· 产学研合作机制有效性	1　2	3　4　5	6　7
· 科技人员的合作意识	1　2	3　4　5	6　7
· 对科技人员合作的支持	1　2	3　4　5	6　7

配置强度管理(ξ_2)

从事科技活动人员规模(x_5)

请圈出与中部其他省份比较贵省从事科技活动人员的情况

	较低	相当	较高
· 从事科技活动人员的密度	1　2	3　4　5	6　7
· 从事科技活动人员的增长率	1　2	3　4　5	6　7

科学家与工程师规模(x_6)

请圈出与中部其他省份比较贵省科学家与工程师的情况

	较低	相当	较高
· 科学家与工程师的引进待遇	1　2	3　4　5	6　7
· 科学家与工程师的密度	1　2	3　4　5	6　7
· 科学家与工程师的增长率	1　2	3　4　5	6　7

政府科技投入规模(x_7)

请圈出与中部其他省份比较贵省政府科技投入情况

	较低	相当	较高

· 政府科技投入占政府财政支出的比重	1	2	3	4	5	6	7
· 政府科技投入增长率	1	2	3	4	5	6	7

企业科技投入规模(x_8)

请圈出与中部其他省份比较贵省企业科技投入情况

	较低		相当			较高	
· 企业科技投入增长率	1	2	3	4	5	6	7
· 企业科技投入占企业总产值的比重	1	2	3	4	5	6	7

配置结构管理(ξ_3)

企业科技活动人员占全部科技活动人员的比重(x_9)

请圈出与中部其他省份比较的情况

	较低		相当			较高	
· 企业科技活动人员比重	1	2	3	4	5	6	7
· 企业科学家与工程师的比重	1	2	3	4	5	6	7
· 企业研发人员的比重	1	2	3	4	5	6	7

企业科技经费占全部科技经费的比重(x_{10})

请圈出与中部其他省份比较的情况

	较低		相当			较高	
· 企业新产品研发经费比重	1	2	3	4	5	6	7
· 科技经费企业比重	1	2	3	4	5	6	7
· R&D经费企业比重	1	2	3	4	5	6	7

持续发展能力(ξ_4)

科技人员的创新精神(x_{11})

请圈出贵省对下列各项的重视程度

	不重视		重视			很重视	
· 科技人员创新欲望的培育	1	2	3	4	5	6	7
· 科技人员创新勇气的培育	1	2	3	4	5	6	7
· 科技人员科研信心的培育	1	2	3	4	5	6	7

科技人员学习力(x_{12})

请圈出贵省对下列各项的重视程度

	不重视		重视			很重视	
· 科技人员的学习动力	1	2	3	4	5	6	7
· 科技人员的学习毅力	1	2	3	4	5	6	7
· 科技人员的学习能力	1	2	3	4	5	6	7

教育水平(x_{13})

请圈出贵省对下列各项的重视程度

	不重视		重视			很重视	
· 提高高等教育投入	1	2	3	4	5	6	7
· 提升高等教育质量	1	2	3	4	5	6	7
· 高校学生创新意识的培养	1	2	3	4	5	6	7

科技直接产出(η_1)

国际国内论文发表量(y_1)

与中部其他省份比较论文发表情况

	较低		相当			较高	
· 国内论文发表率	1	2	3	4	5	6	7
· 国际论文发表率	1	2	3	4	5	6	7
· 国际三大检索率	1	2	3	4	5	6	7

专利授权量(y_2)

与中部其他省份比较专利授权情况

	较低		相当			较高	
· 专利申请量	1	2	3	4	5	6	7
· 专利授权量	1	2	3	4	5	6	7
· 每万人专利授权量	1	2	3	4	5	6	7

科技间接产出(η_2)

技术市场交易额(y_3)

与中部其他省份比较技术市场交易情况

	较低		相当			较高	
· 技术市场成交次数	1	2	3	4	5	6	7
· 技术市场交易额	1	2	3	4	5	6	7
· 技术市场交易额增长率	1	2	3	4	5	6	7

新产品产值(y_4)

与中部其他省份比较新产品产值情况

	较低		相当			较高	
· 新产品产值增长的绝对量	1	2	3	4	5	6	7
· 新产品产值占总产值的比重	1	2	3	4	5	6	7
· 新产品产值增长率	1	2	3	4	5	6	7

高技术产业增加值(y_5)

与中部其他省份比较高技术产业增加值情况

	较低		相当			较高	
· 高技术产业增加值增长的绝对量	1	2	3	4	5	6	7
· 高技术产业增加值占工业增加值的比重	1	2	3	4	5	6	7
· 高技术产业增加值增长率	1	2	3	4	5	6	7

参考文献

[1] 傅家骥，雷家骕，程源. 技术经济学前沿问题[M]. 北京：经济科学出版社，2003.

[2] 王晓东. 论市场体系建设：资源配置的制度思考[M]. 北京：中国财政经济出版社，2004.

[3] 徐琼. 区域技术效率论[M]. 北京：中国经济出版社，2006.

[4] 李垣，师萍. 科技资源配置与制度安排研究[M]. 西安：陕西人民出版社，2001.

[5] 石峰. 科技资本营运论[M]. 北京：科学技术文献出版社，2003.

[6] 袁嘉妮. 行业科研基地科技资源配置评价及优化研究[D]. 武汉：武汉理工大学，2009.

[7] 彭建华. 我国中部地区区域创新系统评价与比较研究[D]. 长沙：中南大学，2006.